KB001887

내가 태어나기 전
나의 이야기

**DET FØRSTE MYSTERIET**
by Katharina Vestre, illustrated by Linnea Vestre
First published by H. Aschehoug & Co. (W. Nygaard) AS, 2018
© Text: Katharina Vestre © Illustrations: Linnea Vestre
All rights reserved.
This Korean language edition published in arrangement with Oslo Literary
Agency through MOMO Agency, Seoul.

## 내가 태어나기 전 나의 이야기

1판 1쇄 인쇄 2018. 11. 2.
1판 1쇄 발행 2018. 11. 12.

지은이 카타리나 베스트레
옮긴이 조은영

발행인 고세규
편집 이승환 | 디자인 이은혜
발행처 김영사

등록 1979년 5월 17일 (제406−2003−036호)
주소 경기도 파주시 문발로 197(문발동) 우편번호 10881
전화 마케팅부 031)955−3100, 편집부 031)955−3200 | 팩스 031)955−3111

이 책의 한국어판 저작권은 MOMO Agency를 통한 저작권사와의 독점 계약으로 김영사
에 있습니다. 저작권법에 의해 한국 내에서 보호를 받는 저작물이므로 무단전재와 무단복
제를 금합니다.

값은 뒤표지에 있습니다.
ISBN 978-89-349-8386-6 03470

홈페이지 www.gimmyoung.com    블로그 blog.naver.com/gybook
페이스북 facebook.com/gybooks    이메일 bestbook@gimmyoung.com

좋은 독자가 좋은 책을 만듭니다.
김영사는 독자 여러분의 의견에 항상 귀 기울이고 있습니다.

이 도서의 국립중앙도서관 출판예정도서목록(CIP)은 서지정보유통지원시스템 홈페이지
(http://seoji.nl.go.kr)와 국가자료공동목록시스템(http://www.nl.go.kr/kolisnet)에서
이용하실 수 있습니다.(CIP제어번호 : CIP2018033596)

# 내가 태어나기 전 나의 이야기

카타리나 베스트레

조은영 옮김

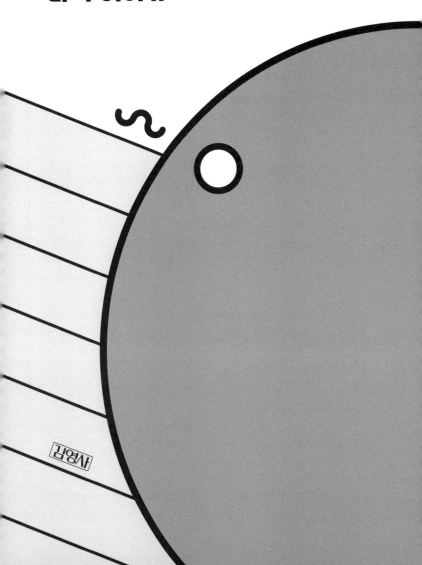

김영사

# 차례

여섯 살 나는 호텔 비누를 모으고, 바비 인형을 가지고 놀고, 걸을 때마다 불이 번쩍거리는 운동화를 신고 다니는 보통 여자아이였다. 영화 취향도 지극히 평범해서, '공주님'이 나오는 영화라면 뭐든지 좋아했다. 그런 내가 제일 좋아했던 책은? 그건 《임신과 출산-예비 부모를 위한 실용 안내서》였다. 어린 나는 동생과 함께 책꽂이에서 이 책을 꺼내어 임신 중 식습관에 관련된 앞부분은 넘기고 곧바로 70쪽을 펼쳤다. '성장하는 태아.' 우리는 이 장에 홀딱 반해 작은 생명체가 점점 커지는 그림을 따라가면서 엄마 뱃속에 몸을 웅크리고 있을 작은 남동생에 대해 생각하곤 했다. 동생과 나는 꼬리가 달린 이상하고 원시적인 작은 동물이, 팔다리를 구겨 넣기도 힘들 만큼 비좁은 뱃속에서 통통한 아기로 변신하는 과정을 보았다. 어떻게 이런 일이 가능할까?

그로부터 17년 후, 나는 다시 이 질문으로 돌아왔다. 오슬로대학에서 생화학 학부 과정을 끝낼 무렵이었다. 하루는 늦은 밤까지 도서관에 앉아 세포생물학 책을 읽다가 태아의 손이 형성되는 과정을 그린 그림을 보았다. 처음엔 영락없는 오리발처럼 보이던 손에 점차 손가락이 드러났는데, 그림 설명에 따르면 이 변형은 세포의 집단 자살에 의한 것이었다. 그러니까 원래는 내 손가락과 손가락 사이를 세포들이 메우고 있었는데 아주 오래전 어떤 명령에 따라 모두 죽어버리고 이렇게 이 책을 쓰고 있는 손이 남은 것이다.

내가 여섯 살 때 보았던 '성장하는 태아'에 이처럼 자세한 내용은 나와 있지 않았다. 책에 있던 그림은 전체 이야기의 아주 작은 일부였을 뿐, 이 작은 생명체가 실제로 어떻게 생겨나는지, 세포와 DNA에 어떤 일이 일어나는지, 손은 어떻게 스스로 알아서 발이나 귀가 아닌 손이 되는지 말해주지 않았다.

그 해답을 찾아 나는 관련 서적과 연구 논문을 파헤치기 시작했고, 어느새 완전히 몰입했다. 2015년 이탈리아에서 보낸 여름휴가 때 오슬로대학병원 도서관에서 두꺼운 발생학 교재 세 권을 빌려 가져갔다. 그때부터 내 인터넷 검색 히스토리는 온통 '난자'와 '태아'로 도배되었다. 오죽하면 구글이 아기연고 광고를 띄우기 시작했을까. 알 수 없는 구글 알고리듬이 내가 입력한 '초파리'와 '해양 환형동물의 성 발달', '물고기 콩팥'과 같은 검색어를 바탕으로 내린 결론이었을 것이다. 그 작업의 결과가 바로 지금 여러분이 손에 들고 있는 책이다. 이 책은 물고기를 닮은 인간의 먼 조상, 어쩌면 내 몸속에 여전히 존재할지도 모르는 쌍둥이 형제자매, 위험천만한 태반, 그리고 기묘하기 짝이 없는 초파리에 관한 이야기이며, 말할 것도 없이 나와 여러분에 관한 모든 것이다. 지금부터 우리 삶의 맨 처음에 관해 이야기하겠다.

### 시작하기 전에

#### 이 책에서 사용한 임신 주수와 태아의 크기

독자가 혼동하지 않도록 이 책에서 사용한 태아의 연령 표기법을 확실히 말해두는 게 좋겠다. 태아의 연령을 계산하는 방법은 다양하고, 뒤죽박죽 섞어서 쓰는 경우도 드물지 않다. 병원에서는 일반적으로 '임신 주수週數'를 사용한다. 임신 주수는 임신한 여성이 마지막 월경을 시작한 날에서 시작한다. 그러나 수정은 보통 그보다 2주 후인 배란일 즈음에 일어나므로, 실제 임신은 임신 주수로 임신 3주에 시작한다. 다시 말해, 태아의 연령은 임신 주수보다 2주 적은 셈이다. 예를 들어 임신 12주에 태아의 실제 연령은 10주이고, 임신 14주에는 12주인 식이다.

이 책에서는 난자와 정자의 수정이 일어난 순간을 우리 생의 시작점으로 두었다. 따라서 이 책에서 언급한 시점은 모두 태아의 실제 연령에 해당한다. 또한 이 책에서 말하는 '개월'은 한 달을 4주로 계산한 것이다. 즉, 임신 첫 달은 1~4주에 해당하고, 다음 달은 5~8주가 되는 식으로 진행한다. 임신 주수를 알고 싶다면 태아의 연령에 2주를 더하면 된다.

이 책에서 말하는 태아의 키는 머리끝에서 엉덩이까지 길이를 뜻하는 두정둔부 길이(CRL, crown-rump length)를 말한다. 두정둔부 길이는 태아의 크기를 재는 일반적인 측정법이다. 태아는 대체로 다리를 위로 올려 몸을 접은 상태로 지

내므로 머리부터 발끝까지 전체 길이를 재기가 쉽지 않기 때문이다.

마지막으로, 이 책에 나오는 태아의 모든 발달단계나 신체 크기는 평균치일 뿐, 태아마다 각기 다른 속도로 자란다는 사실을 염두에 두기 바란다. 그럼 이제 진짜 시작할 준비가 됐다.

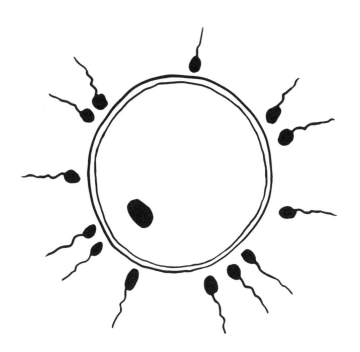

# 목숨을 건 경주

임신 몇 시간 전, 누구도 승리를 장담할 수 없는 경주가 시작된다. 정자 한 마리가 수억 마리의 경쟁자와 함께 치열한 수영 경기에 나선다. 올챙이를 닮은 이 정자는 미지의 지형을 헤치며 물의 흐름을 거슬러 무작정 위쪽으로 헤엄쳐 올라간다. 정자는 몸길이의 1,000배나 되는 긴 거리를 수영해야 한다. 규칙은 간단하다. 목표물에 가장 먼저 도착할 것. 일등이 아니면 죽는다.

정자를 둘러싼 환경은 혼란스럽고 열악하다. 빽빽한 밀림 한복판에 놓인 것처럼 정신없는 덤불과 막다른 길 천지다.

12

면역세포에 잡아먹히거나 산성 물질에 파괴될 위험도 곳곳에 도사린다. 자궁경부 내벽의 깊은 틈에 꼼짝없이 갇혀버릴 수도 있다. 그래서 경주를 시작한 지 얼마 안 되어 대다수 경쟁자가 제거된다. 살아남은 정자는 여성의 근육이 수축하면서 위로 밀어올리는 힘을 받아 이내 자궁으로 들어간다. 그러나 승리를 쟁취하기까지는 아직 갈 길이 멀다. 이기려면 어디로 가야 할지 선택해야 한다. 왼쪽? 아니 오른쪽인가? 자궁은 나팔관이라는 두 갈래의 좁은 통로로 이어진다. 결승선은 둘 중 하나에 있다. 그렇다면 좌우로 갈라진 길 앞에서 올바른 방향을 선택해야 희망이라도 걸어볼 수 있다. 나팔관 내벽에는 목표 지점과는 반대 방향인 자궁 쪽으로 체액을 쓸어내리는 융모가 깔려 있다. 그러나 포기를 모르는 정자는 체액의 흐름에 맞서 위쪽으로 전진한다. 나팔관 점막 깊숙이 파인 골짜기와 높이 치솟은 봉우리 사이 어딘가에 숨어 있을 둥근 난자가 곧 이 경주의 승자를 만날 것이다.

난자는 이 순간을 아주 오랫동안 기다려왔다. 엄마가 아주 작은 태아였을 때 이미 엄마 몸속에는 난자가 될 후보들(난원세포)이 마련되어 있었다. 그리고 성장하여 때가 되자

13

조금씩 꺼내 성숙한 난자로 바꾸었다. 지금 엄마의 나팔관에 떠다니는 난자는 그중 운 좋게 선택된 하나다. 매달 난소에서 여러 개의 난자가 성숙하지만 그중 나팔관으로 탈출할 기회를 얻는 것은 하나뿐이다. 나머지는 벗어날 수 없는 죽음을 맞는다.

완숙한 난자로 변신하는 동안 난원세포는 특별한 방식으로 분열한다. 엄마가 외할아버지와 외할머니에게서 각각 물려받은 23쌍의 염색체가 반으로 분리된다. 외할머니에게서 받은 1번 염색체와 외할아버지에게서 받은 1번 염색체가 더는 한 세포에 함께 머무르지 않고 따로 떨어져 각기 다른 세포로 들어간다. 나머지 염색체도 마찬가지다. 그래서 완성된 난자에는 새로운 파트너를 맞이할 준비를 끝낸 반쪽짜리 23개 염색체 세트가 있다. 또한 난자는 성숙하면서 영양분도 함께 포장하기 때문에, 우리 몸의 어떤 세포보다 몸집이 거대해진다. 난자는 지름이 0.1밀리미터 정도로, 현미경 없이 맨눈으로도 볼 수 있다.

반면에 정자는 몸에서 가장 작은 세포 중 하나다. 위엄을 갖춘 난자와는 달리 둥근 머리와 구불거리는 꼬리를 방정맞게 흔들며 헤엄친다. 정자의 머리는 아빠의 DNA로 가득차 있어 여분의 양분을 채울 자리가 없다. 수백만 개의 정자 중에서 '나'라는 사람을 만든 특별한 유전자의 절반을 운반한 것은 단 하나다. 옆 정자가 조금 더 빨랐다면 나는 지금의 내 모습이 아닐 것이다. 두 정자가 완전히 똑같은 유전자 세트를 갖고 있을 확률은 사실 거의 없다. 정자나 난자가 만들어질 때, 할아버지와 할머니에게서 온 염색체가 짝을 지어 나란히 서 있다가, 영원히 헤어지기 전에 서로의 DNA 일부를 교환한다. 따라서 원래는 할머니의 염색체를 가진 정자와 난자라도 할아버지의 유전자 일부를 지닌다. 할아버지와 할머니의 염색체가 조합하는 경우의 수는 무한하다. 그러니 이왕이면 괜찮은 조합을 가진 정자가 이기도록 응원해야 한다.

이 정신없는 작은 올챙이는 적어도 자기가 어떤 목적으로 만들어졌는지 잘 알고 있다. 눈이 멀고 귀가 먹었어도 주저하지 않고 난생처음 접하는 낯선 곳을 항해한다. 정자는 미세한 온도 변화를 감지하는 능력이 탁월하다. 정자의 목표물은 주위보다 약 2도 정도 따뜻하기 때문에 온도로 목표물과의 거리를 가늠할 수 있다. 게다가 정자는 기본적인 후각 기능을 장착했다. 정자의 표면에는 콧속의 후각세포처럼 냄새 수용체가 있다. 일반적으로 냄새 수용체는 각각 특정한 분자를 전문적으로 인지한다. 따라서 코로 들어간 공기의 냄새 분자들은 서로 다른 냄새 수용체에 들러붙어 뇌로 전달되는 다양한 냄새의 전기신호를 만들어낸다. 정자의 냄새 수용체는 난자에서 흘러나오는 냄새 분자를 감지해 정자가 경로를 벗어나지 않도록 올바른 방향으로 안내한다.

결승선에 가까워지면 남아 있는 경쟁자는 얼마 되지 않는다. 난자가 분비하는 유혹적인 화학물질 덕분에 이들의 속도는 더욱 빨라진다. 곧 난자는 작은 올챙이들에 완전히 둘러싸인다. 정자는 꼬리를 맹렬히 꿈틀거리며 난자의 젤리 같은 보호막 속으로 머리를 파고든다. 정자의 머리는 화학무기를 분사한다. 난자 안으로 더 깊이 들어갈 수 있도록 막을 녹여주는 효소다.

가장 빠른 한 놈만이 선택된다. 승자는 꼬리를 버리고 난자의 세포 속으로 녹아들어가 지금까지 힘겹게 짊어지고 온 소중한 짐을 내려놓는다. 아빠가 준 23개의 염색체. 이때 난자는 특별한 화학물질을 분비해 다른 정자가 더 들어오지 못하도록 뚫을 수 없는 벽을 형성한다. 지체할 시간이 없다. 승자에 뒤이어 다음 정자까지 난자로 들어오게 되면, 엄청난 재앙이 일어난다. 두 마리의 정자가 동시에 난자를 뚫고 들어오면 정상적으로 46개 염색체가 있어야 하는 수정란에 모두 69개의 염색체가 남아버리기 때문이다. 난자는 이런 사고를 막기 위해 최선을 다한다. 하지만 늘 성공하는 건 아니다. 과학자들이 인공수정된 난자를 연구해보니 약 10퍼센트의 난자가 두 개 이상의 정자로 수정됐다. 이런 수정란은 정상적으로 발달할 수 없다. 나중에 설명하겠지만, 이들에게는 사형선고가 내려진다. 아무튼 이제는 긴장을 풀어도 좋다. 우리 경우는 분명 승자가 하나였으니 말이다. 엄마와 아빠에게서 온 염색체가 짝을 이루어 마침내 나를 만드는 첫 세포가 되었다. 경주는 끝났다. 이제부터 본격적인 이야기가 시작된다.

# 숨겨진 비밀의 세계

엄마 몸속에서는 무슨 일이 일어날까? 현미경이 발명되기 전에는 수정 후 최초로 일어나는 대부분의 사건이 꼭꼭 숨겨져 있었다. 그처럼 미세하고 서서히 진행되는 현상을 맨눈으로 관찰하기란 거의 불가능하다. 몸높이가 4미터에 이르는 코끼리 역시 아주 작은 세포에서 시작하기 때문이다. 피부와 근육, 혈관으로 이루어져 있어도 이 사실은 변하지 않는다. 2,300년 전, 아리스토텔레스는 생물이 어떻게 생성되는지 몹시 궁금했다. 그 답을 찾고자 그는 부화하고 있는 수정된 달걀을 중간에 여러 차례 열어 보았다. 수정된 지

3일 된 달걀의 노른자에서는 고동치는 작고 빨간 심장을 관찰했다. 일주일 후에 달걀을 깼을 때는 커다란 눈이 달린 작은 생명체를 발견했다. 당연히 달걀을 늦게 열어볼수록 달걀 속 생명체는 점점 닭을 닮아갔다. 아리스토텔레스는 사람도 똑같을 거라고 생각했다. 남성의 정자가 알 수 없는 어떤 방식으로 여성의 피에 지시를 내려 위장에서 서서히 한 인간을 창조하게 한다고 말이다.

또한 아리스토텔레스는 살아 있는 생물이 아주 다양한 방식으로 생성될 수 있다고 믿었다. 아리스토텔레스의 믿음에 따르면 곤충은 나뭇잎에 맺힌 이슬에서 생겨나고, 나방은 양털에서, 굴은 끈적한 진흙에서 만들어진다. 2천 년이 지난 후에도 이런 발상은 여전히 유행했다. 17세기 화학자 얀 밥티스타 판 헬몬트Jean Baptiste van Helmont는 세상에 존재하는 다양한 형태의 생명을 제조하는 대단히 창의적인 방법을 고안했다. 예를 들어 집에서 생쥐를 키우고 싶다면, 그 제조법은 매우 간단하다. 밀알을 가득 채운 용기에 땀에 절어 더러워진 셔츠를 넣는다. 그리고 21일을 기다리면, 짜잔! 밀알은 코를 씰룩대며 쿵쿵거리는 진짜 살아 있는 생쥐로 변신한다.

물론 판 헬몬트가 고안한 생쥐 제조법의 효과를 의심할 필요는 없다. 어쨌든 밀알은 생쥐를 꾀어내는 좋은 미끼니까. 조건만 맞아떨어지면 저절로 동물이 생겨나는 충격적인 예를 제시한 것은 판 헬몬트만이 아니다. 사람들은 강기슭의 젖은 진흙이 마술처럼 개구리로 둔갑하고, 쓰레기는 들쥐로, 썩은 고기에서는 난데없이 하얀 애벌레가 생겨난다고 생각했다. 바다에 사는 굴이 짝짓기를 하고 알을 낳는다는 상상이 쉽지 않다는 것은 이해한다. 물론 이런 발상이 뭔가 앞뒤가 맞지 않는다고 생각한 사람들도 많았다. 사실 어떻게 모든 생물이 혼돈의 액체에서 생겨날 수 있겠는가?

1600년대 말에 새로운 가설이 등장했다. 모든 생물은 개구리건 사람이건 상관없이, 처음부터 지금 모습 그대로 크기만 축소된 상태로 발생한다는 것이다. 최초에 완벽한 인간을 창조한 신은 먼 미래의 후손까지 모두 한꺼번에 만들어놓았다. 다만 인간은 러시아 인형 마트료시카처럼 자기 안에 겹겹이 작은 인간을 품고 있다가 때가 되면 어머니의 자궁 안에서 그 모습 그대로 크기만 키우면 된다. 현미경이 처음 발명되었을 때조차 생물학자들은 이 초소형 생물이 몸속 어딘가에 존재할 거라고 굳게 믿었다. 맨눈으로는 볼 수 없지만 어딘가에 감춰져 있을 조그만 생명체를 상상해보라! 현미경의 성능만 개선된다면 발견에는 한계가 없으리라.

당시 가장 재능 있는 현미경 제작자는 네덜란드 상인 안톤 판 레이우엔훅Anton van Leeuwenhoek이었다. 대학 교육도 받지 못하고 부유하지도 않은 그가 과학자가 되리라고는 아무도 기대하지 않았다. 원래 레이우엔훅은 자신이 판매하는 옷감의 품질을 조사하려고 현미경을 제작했다. 그러다 호기심에 현미경 렌즈 아래 물 한 방울을 떨어뜨리고 관찰했는데, 그때 레이우엔훅의 눈앞에 나타난 것이 그의 인생을 송두리째 바꿔놓았다. 투명한 물 한 방울에 온갖 형태의 신비한 생물이 가득차 있었다. 레이우엔훅은 이들을 작은 동물이라는 뜻의 극미동물animalcule이라고 불렀다. 그는 마시는 물, 사람들이 발로 밟고 지나간 웅덩이, 심지어 치아 사이에 낀 치석에 이르기까지 머릿속에 떠오르는 모든 것을 조사했다. 무엇을 보아도 그 안에는 작은 동물이 있었다. 지구 저편의 이국적인 섬이 무슨 소용이 있으랴. 우주도 잊어라. 레이우엔훅은 누구도 탐험한 적 없는 비밀의 세계를 훔쳐보았다. 그 세계는 바로 그의 코끝에 있었다.

레이우엔훅의 이 인상적인 현미경에 대한 소문은 빨리 퍼졌다. 그러던 어느 날, 한 의대생이 환자에게서 채취한 정액 샘플을 들고 그를 찾아왔다. 사실 그때까지 레이우엔훅은 의도적으로 정액을 관찰하지 않았다. 독실한 신앙인으로서 감히 정액을 연구한다는 게 다른 이들에게 불경하게 비칠까 두려웠기 때문이다. 그러나 환자 치료가 목적이라면… 레이우엔훅은 마침내 현미경으로 정액을 들여다보기로 결심했다. 모래알만큼 적은 양이었는데도 현미경 렌즈 아래 작은 생명체가 천 마리도 넘게 있었다. 둥근 머리에 길고 투명한 꼬리를 가진 게 마치 올챙이 같았다. 이 생물은 환자의 병 때문에 생긴 걸까? 아니면 채취한 지 너무 오래된 시료라서 그런 걸까?

모든 훌륭한 과학자들이 그렇듯이, 레이우엔훅은 이 환자의 정액을 건강한 남성의 정액과 비교해야 한다고 생각했다. 1677년에 그는 세계 최고의 과학 연구 단체인 런던 왕립학회 회장에게 편지를 써 자신이 발견한 바를 알렸다. 레이우엔훅은 정액에서 발견한 작은 동물에 대해 상세히 묘사하면서 "사정 직후 맥박이 여섯 번 뛰기 전에" 정액을 조사했다고 썼다. 특히 이 정액은 불경한 방식이 아닌 "지극히 정상적인 부부관계에서 얻어진 것"임을 힘주어 강조했다. 레이우엔훅의 아내로 사는 것도 쉬운 일은 아니었을 것 같다. 레이우엔훅은 서신을 마무리하며 편지 내용을 반드시 비밀에 부쳐달라고 신신당부했다. 구설에 오르는 걸 원치 않았던 그는 이 관찰 결과가 학자들 사이에서 혐오를 불러일으킬지도 모른다고 생각했기 때문이다.

레이우엔훅은 정액이야말로 생명이 시작하는 데 결정적인 역할을 한다고 확신했다. 정액은 단순히 투명하고 빈 액체가 아니라 현미경으로만 볼 수 있는 생명체로 가득차 있다. 그렇다면 정액은 축소 인간이 몸을 의탁할 최적의 장소가 아닐까? 성능 좋은 현미경만 있다면 틀림없이 축소 인간을 찾아낼 수 있다고 확신한 레이우엔훅은 여러 해 동안 끈질기게 작업했다. 그러나 렌즈의 성능을 꾸준히 개선했지만 정자에서 축소 인간의 흔적은 찾을 수가 없었다. 레이우엔훅은 심지어 작은 솔로 정자의 머리를 뒤덮은 막을 조심스럽게 제거해보기도 했지만 그 안에 무엇이 숨어 있는지 볼 수는 없었다. 결국 그는 포기했다. 그러나 정자의 세포에 엄청난 비밀이 들어 있다는 믿음은 버리지 않았다. 레이우엔훅이 그 비밀을 알았다면 얼마나 좋았을까마는, 안타깝게도 비밀의 실체는 현미경으로 보기엔 너무 작은 것이었다.

# 인간 제조법

처음 몇 시간, 경주는 끝났다. '나'로 자라날 최초의 세포는 유유히 나팔관 아래로 떠내려간다. 벌써 나에 관한 아주 많은 것이 결정되었다. 내 첫 번째 세포는 이 문장의 마침표보다 작지만, 내 몸을 짓는 데 필요한 모든 설계도가 넉넉히 들어간다. 생명을 유지하는 데 필요한 신체 기관뿐 아니라 눈 색깔이나 코의 모양까지.

세포의 위대한 비밀은 축소 인간이 아닌 작은 분자에 있었다. 이 신비한 분자에 관한 이야기는 상처에 난 고름에서 시작한다.

1869년, 스위스 화학자 프리드리히 미셔Friedrich Miescher
는 자신의 연구실 근처 외과 병원에 연락해 외상 환자에게
썼던 붕대를 모아달라고 부탁했다. 상처에서 나온 고름이
많을수록 좋았다. 미셔는 상처의 희끄무레한 노란색 진물에
가득한 백혈구를 찾고 있었다. 이 고름 속 백혈구는 치열한
전투의 잔재다. 신체의 면역과 방어를 위해 일하는 백혈구
는 상처를 통해 침입한 박테리아와 목숨을 걸고 싸운다. 미
셔는 환자의 고름을 모아 세포를 걸러낸 후 철저한 화학분
석을 통해 그 안에 들어 있는 단백질의 종류를 조사했다. 그
러던 어느 날 미셔가 고름에 산酸을 첨가했더니 끈적거리는
우윳빛 물질이 분리되었다. 자세한 조사 끝에 미셔는 이 물
질이 단백질이 아니라는 결론을 내렸다. 미셔는 이 새로운
물질이 세포의 중심인 세포핵nucleus에 자리잡고 있으므로
뉴클레인nuclein이라고 불렀다.

미셔는 정자세포에서 비정상적으로 많은 양의 뉴클레인
을 발견하고, 이 물질이 생명의 시작에 매우 중요한 역할을
한다고 확신했다. 당시에 유전이란 우리가 알 수 없는 어떤
보이지 않는 힘으로 작용하는 불가사의한 현상이었다. 대부
분 사람들은 부모에게서 유전되는 물질이 길이와 무게가 있

는 특정 분자라는 사실을 상상할 수 없었다. 그러나 미셔는 유전물질의 존재를 열렬히 지지했다. 그뿐만 아니라 유전물질이 포함하는 정보가 화학 코드(부호)로 저장된다고 제시했다. 이것은 혁명적인 발상이었으나, 미셔가 죽은 후에도 한참 동안 아무도 그가 얼마나 정답에 가까웠는지 알지 못했다.

이후 수년간 많은 과학자가 이 핵 속의 신비한 물질을 자세히 연구했다. 그리고 뉴클레인이 데옥시리보스deoxyribose라는 당을 포함하고, 산성을 띤다는 사실을 발견했다. 과학자들은 이 특성에 따라 뉴클레인을 데옥시리보핵산deoxyribonucleic acid, 줄여서 DNA라는 좀 더 구체적인 이름으로 불렀다. 여러 해 동안 과학자들은 DNA를 세포 한가운데 있으면서 여러 물질을 제자리에 고정하고 지탱하는 물질 이상으로 여기지 않았다. 유전자가 염색체 안에 있다는 사실이 밝혀졌을 때도, DNA 분자는 여전히 그 가치를 인정받지 못했다. 연구자들은 유전을 통제하는 물질이 단백질일 가능성에 더 큰 무게를 두었다. 화학적인 측면에서 단백질은 DNA보다 훨씬 흥미로운 물질이다. 형태가 무한할 뿐 아니라 산성인 DNA와 달리 산성, 염기성 모두 존재하고 끓는점도 다양하기 때문이다. 반면 DNA는 단일한 형태로 언제 어디서나 동일했다. 그러나 1940년대에 들어서 과학자들이 세균을 가지고 실험한 결과는, 모두가 불가능하다고 생각한 것을 보여주었다. 유전자는 단백질이 아닌 DNA로 이루어져 있었던 것이다. 어떻게 이처럼 단순한 물질이 자연계에 나타나는 무수한 형질을 창조할 수 있단 말인가? 흰 꽃과 분홍 꽃, 곱슬머리와 직모, 뾰족한 코와 납작한 코. 이 모든 정보가 같은 분자 안에 담겨 있다는 말인가?

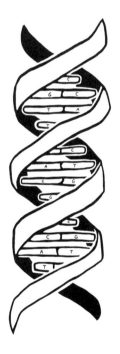

1953년, 제임스 왓슨James Watson과 프랜시스 크릭Francis Crick이 DNA 분자의 이중나선 구조 모델을 제시한 후에야 비로소 모든 퍼즐 조각이 맞춰졌다. DNA는 무질서하게 존재하는 무정형의 물질이 아니었다. DNA는 화학 코드(부호)다. 개별 DNA 분자는 당을 중심으로 양쪽에 염기와 인산염이 있는데, 그중 인산염끼리 연결되어 DNA의 긴 사슬을 만든다. 그리고 사슬 두 개가 서로 마주 연결되어 나선 계단 구조로 존재한다. 당과 인산

염은 계단의 난간을 형성하며, 가운데에서 양 사슬의 염기가 쌍을 이루어 계단의 발판이 된다. DNA의 염기에는 아데닌(A), 티민(T), 사이토신(C), 구아닌(G) 네 종류가 있다. 그리고 염기와 염기가 만나 짝을 지을 때, A는 언제나 T와, C는 언제나 G와 결합하는 엄격한 규칙을 따른다. 따라서 나선 계단의 한쪽 난간(사슬)에 염기가 배열된 순서를 알면, 다른 쪽 염기의 순서 역시 정확히 알 수 있다. 세포는 지퍼를 열듯 DNA의 사슬 계단을 열고 마치 책을 읽는 것처럼 염기의 A, T, C, G 알파벳을 읽어나간다. 그리고 규칙에 따라 각 염기에 알맞은 짝을 붙여 두 개의 동일한 복제본을 만든다. 이런 식으로 고유한 제조법을 세포에서 세포로, 세대에서 세대로 물려주는 것이다.

A, T, C, G. 고작 이 네 개의 알파벳이 필요한 전부다. 이걸로 눈, 손톱, 보조개, 참나무, 해파리, 해초, 코끼리, 이끼, 나비를 모두 부호화할 수 있다. 인간을 만드는 제조법은 화학적으로 참나무의 제조법과 동일한 방식으로 쓰였다. 이들이 사용하는 건축 자재(아미노산) 역시 똑같다. 다만 건축 자재가 연결되는 순서만 다를 뿐이다.

최초의 세포가 나팔관을 타고 떠내려갈 때, 그 중심에는

46개의 염색체가 안전하게 자리잡고 있다. 23개는 엄마에게서, 23개는 아빠에게서 온 것이다. 각 염색체는 긴 DNA 사슬이 둥근 단백질 구슬에 칭칭 감긴 상태로 존재한다. 세포 하나에 들어 있는 DNA의 길이를 모두 합치면 2미터가 족히 넘는다. 인간 제조법은 난자와 정자의 세포가 합칠 때 비로소 완성된다. 이제 이 제조법을 써먹을 시간이다.

1주
3일

0.1밀리미터
머리카락 굵기

# 침입

수정 후 하루가 지났다. 뭔가 큰일이 일어날 조짐이 보인다. 나팔관의 미세한 융모가 작고 둥근 세포를 아래쪽으로 슬슬 밀어낸다. 천천히, 조심스럽게. 바깥에서는 모든 것이 완벽하게 고요해 보인다. 그러나 세포의 깊은 속은 매우 바쁘게 돌아간다. 정확한 DNA 복제품을 찍어내기 위해 정교한 메커니즘이 지치지도 않고 작동한다. 얼마 지나지 않아 복제된 두 개의 완전히 동일한 DNA 사슬이 중간쯤에서 서로 들러붙어 X자 형태의 염색체를 만든다. 염색체들은 둥근 세포의 가운데에 열을 지어 모인다. 그 다음에 세포의 양쪽에서 미세한 실 가닥(방추사)을 길고 가늘게 뻗어내 그 끝이 염색체의 중심(동원체)에 도달한다. 이제 세포가 길쭉하게 늘어나면서 실 가닥이 복제된 DNA를 양쪽으로 잡아당긴다. 이 과정을 현미경 아래에서 관찰하면 마치 소인국의 불꽃놀이를 보는 것처럼 아름답다. 하루가 지나면 세포의 가운데가 잘록해지면서 마침내 두 개의 세포로 나누어진다.

이런 식으로 세포는 복제하고 나누어지고 복제하고 나누어지기를 반복한다. 세균이나 아메바 같은 생물은 단 하나의 세포로 만들어졌어도 먹고 마시고 움직이고 수를 불리며 행복하게 산다. 그들은 더 바라는 게 없다. 선형동물의 일종인 예쁜꼬마선충*Caenorhabditis elegans* 수컷은 정확히 1,031개의 세포로 구성되었다. 1,031개라는 수는 생물학자들이 세포 하나하나를 헤아려 어렵게 알아낸 것이다. 그렇다면 우리는 어떨까? 우리 몸은 대략 37조 개의 세포로 이루어졌다. 너무 큰 수라 누구도 일일이 붙잡고 세고 있을 수 없다. 대신 과학자들은 신체와 몸을 구성하는 세포에 대한 지식을 바탕으로 세포의 수를 어림잡는다. 물론 이것도 결코 쉬운 일은 아니다. 세포마다 크기가 천차만별이고 세포 간의 거리도 제각각이기 때문이다. 따라서 추정치에서 수십

억 정도 가감해야 한다. 어쨌든 말도 안 되게 큰 수다. 더 놀라운 것은 이 많은 세포들이 서로 어울려 협동한다는 사실이다. 아메바는 혼자서 제멋대로 돌아다니지만, 사람의 세포는 친밀한 공동체를 형성한다. 그러나 그러려면 우선 세포의 수를 늘려야 한다.

수정 직후 처음 며칠 동안 세포는 서둘러 분열한다. 어찌나 바쁜지 반으로 쪼개진 세포가 자랄 시간도 없어 분열할 때마다 크기가 점점 작아진다. 세포 두 개가 네 개가 되고 네 개가 여덟 개가 된다. 그리고 곧이어 완전히 동일한 세포 16개가 다발을 이루어 현미경으로 보면 꼭 뽕나무 열매(상실배) 같다. 이 작은 뽕나무 열매는 나팔관을 따라 조용히 떠다니는데, 약 5일이 지나면 가장 안쪽에 있던 세포의 식품 저장고가 비어버린다. 지금까지 세포들은 난자가 남긴 것을 먹으며 지냈지만, 이제는 다른 영양분을 달라고 아우성친다. 변화의 시기가 찾아왔다. 가장 바깥쪽 세포가 재빨리 책임을 맡아 세포 외부를 둘러싼 액체를 펌프질하여 세포 송이 안쪽으로 밀어넣는다. 세포들 사이에서 최초의 분업이 일어난 것이다. 이제 그들은 더 이상 같은 세포가 아니다. 뽕나무 열매는 체액으로 가득찬 공간이 있는 주머니배(배반포)가 되어 나팔관을 떠나 자궁으로 들어간다. 거기에서도 한동안 떠다니며 계속 분열하는데, 그렇게 수정 후 약 일주일이 지나면 주머니배는 다소 야만적인 침입을 감행한다.

엄마는 자궁에 주머니배가 잘 달라붙을 수 있도록 두껍고 스펀지 같은 막을 준비한다. 얼마 지나지 않아 주머니배는 엄마의 이 막을 분해하는 물질을 분비해 막 속으로 깊이 파고든다. 그 과정에서 혈관이 파열되고 막의 세포가 대량으로 죽어나간다. 이 광경은 마치 피비린내 나는 좀비 영화와 비슷하다. 굶주린 주머니배 세포가 열심히 점막을 먹어치우고 그때마다 피가 배어나온다(착상혈). 동시에 주머니배는 엄마의 혈관에 붙어 있도록 작은 뿌리를 내린다. 이것이 태반의 시작이고 앞으로 몇 달 동안 태반은 점점 커질 것이다. 아기가 태어날 무렵에 태반의 무게는 약 0.5킬로그램 정도이고 적청색의 끈적끈적하고 넓적한 판처럼 보인다. 태반은 꿈틀거리며 세상에 나온 아기가 비명을 지른 직후에 엄마의 자궁에서 빠져나온다. 그러나 태반은 우리의 관심을 끌지 못한다. 당연한 일이다. 처음으로 만난 통통한 팔과 작은 손가락이 훨씬 매력적이니까 말이다. 하지만 과거에는 많은 문화권에서 태반을 귀하게 여겼다. 고대 이집트에서는 태반을 극도로 조심스럽게 다루어 미라로 만들었다. 한국의 조선시대에는 왕자나 공주의 태반을 태항아리라는 화려한 병에 담아 묻었다. 태반을 먹는 게 좋다고 생각하는 사람들도 있다. 그래서인지 구글은 '태반 스무디'를 검색 제시어로 보여주어 내 주의를 끌었다. 심지어 산모가 태반을 복용할 수 있도록 돈을 받고 냉동 건조해 알약으로 만드는 회사도 있다. 어느 쪽이든 우리는 태반에 고마워해야 한다. 이 특별한 기관은 나를 위해 거의 9개월 동안 쉴 새 없이 일했고, 태반이 없었다면 나는 여기 이렇게 있을 수 없을 테니 말이다. 태반의 겉모습은 별로 아름답지 않지만, 알고 보면 매혹적이면서도 두려운 존재다.

태반에 내린 작은 뿌리는 시작에 불과하다. 침입하는 세포는 엄마의 혈관을 마비시키고 그 혈관을 자신의 필요에 따라 재배열한다. 엄마의 피가 새어나와 태반의 공간을 채우고, 내 혈관은 탯줄을 통해 태반에 닿은 뒤 가지를 칠 것이다. 내 피가 엄마의 피와 직접 접촉하는 일은 없지만, 아주 많은 물질이 나를 외부와 분리하는 얇은 벽을 통과한다. 덕분에 나는 필요한 산소와 영양분 전부를 엄마에게서 얻고, 또 노폐물은 엄마에게 되돌려 보낸다. 태반의 역할은 거기서 멈추지 않는다. 나는 엄마와 호르몬을 교환해 서로의 몸에 영향을 준다. 태반이 신속하게 제조한 호르몬 칵테일은 엄마의 혈관을 확장시키고, 무엇보다 식욕을 왕성하게 한다. 더 나아가 엄마의 몸이 임신과 모유 수유를 준비하도록 만든다.

태반 세포가 빠르게 생산하기 시작하는 호르몬 중 하나가 융모성 성선자극호르몬(hCG)이다. 일반적인 임신 테스트기가 여성의 소변에서 검출하는 것이 바로 이 호르몬이다. 이제는 집에서도 간단히 검사할 수 있지만, 과거에는 쉽지 않던 일이라 한때는 임신 여부를 가리기 위해 쥐를 희생하기도 했다. 쥐는 hCG 호르몬에 특정한 방식으로 반응한다. 임신 여부를 테스트하기 위해 의사가 여성의 소변을 쥐에게 주사하고 며칠 뒤에 쥐를 해부해 난소에 변화가 있는지 확인한다. 이 방법은 1920년대 말에 발전을 거듭해 쥐 대신 토끼를 썼다. 이후 '토끼가 죽었다'라는 표현은 '임신했다'와 동의어가 되었다. 어쨌거나 실험동물은 검사 결과에 상관없이 황천길을 떠나야 했지만 말이다. 동물과 관련 없는 효과적인 임신 테스트는 1960년대가 되어서야 보편화되었다.

여성의 몸은 아무나 쉽게 들어오지 못하도록 엄격한 심사 시스템을 개발해왔다. 주머니배는 올바른 신호를 전송해 엄마에게 자신의 존재를 확인시킬 때에만 통과된다. 그래서 전체 주머니배의 3분의 1, 어쩌면 그보다 적은 수만 검문을 통과하며, 임신이 시작됐는지조차 깨닫지 못하고 끝나는 임신도 많다. 예를 들어 둘 이상의 정자로 수정된 난자는 절대 이 지점을 넘지 못할 것이다. 이때 생기는 잉여의 염색체가, 세포분열 시 세포가 정상적으로 실 그물을 지어내지 못하게 방해하기 때문이다. 이런 식으로 분열된 세포는 염색체 수가 너무 적거나 너무 많아지게 된다. 이 세포는 설사 당장 죽지 않더라도 앞으로 기다리고 있는 엄격한 품질관리 시스템을 절대 통과하지 못한다. 그러면 거기서 끝이다.

만약 자궁이 별다른 메시지를 듣지 못하면, 신체는 정상적인 월간 프로그램으로 전환하여 태반의 점막이 분해되고 여성은 월경을 한다. 새로운 월경 주기가 반복되고 새로운 점막이 만들어진다. 대부분 포유류는 이 성가신 현상에서 운 좋게 벗어났다. 월경을 하는 동물을 적은 짧은 목록에는 인간과 원숭이, 그리고 왜인지는 모르겠지만 일부 박쥐가 포함된다. 왜 하필 인간일까? 그 이유로 우리는 아마 우리의 탐욕스러운 태반을 탓해야 할 것이다. 다른 포유류는 훨씬 안전한 태반을 생산한다. 예를 들어 말, 소, 돼지의 주머니배는 태반의 점막 표면에 살짝 걸터앉은 뒤, 어미의 혈관을 파괴하지 않으면서 끈으로 칭칭 감는다. 이렇게 하면 새끼에게 전달되는 물질에 대해 어미가 더 큰 통제력을 가지며, 태반이 분리되어야 하는 경우에도 심각한 출혈의 위험은 낮아진다. 반면 인간은 반드시 비상 제동 장치를 만들어야 했다. 아기가 엄마의 몸으로 이주해 들어오도록 허락하는 게 엄마 자신에게는 치명적일 수 있기 때문이다. 그래서 아기는 엄마의 몸에 의탁하기 전에 예의 바르게 부탁하거나 허락을 받아야 한다.

그렇다면 우리 모두가 죄 없는 엄마의 몸을 차지하는 욕심 많고 섬뜩한 기생충에서 진화했다는 인상을 받을지도 모르겠다. 기생충이 별로 유쾌한 이미지는 아니므로 이 상황을 다르게 해석하는 대단히 멋진 실험에 관해 이야기해보자. 바로 녹색 빛을 내는 세포를 가진 쥐에 관한 실험이다. 이 쥐는 수정된 쥐의 난자에 크리스탈해파리*Aequorea victoria*

의 특정 유전자를 주입해 탄생한 생물이다. 크리스탈해파리는 초록색 빛을 내는 단백질을 만들기 때문에 깊은 바다의 어둠 속에서도 빛나는 샹들리에처럼 보인다. 먼저 과학자들은 해파리 유전자 덕분에 빛을 내게 된 초록 쥐와 그렇지 않은 정상적인 암컷을 교배하여 암컷을 임신시켰다. 좀 잔인하게 들릴지 모르지만, 과학자들은 임신 후 12일이 지난 어미 쥐에 인위적으로 심장마비를 일으켰다. 죽은 어미 쥐의 심장을 조사해보니 믿을 수 없는 사실이 드러났다. 정상세포로 이루어져야 할 어미의 심장 주변이 초록 세포로 빛나고 있던 것이다. 이 초록 세포는 자궁에서 자라던 새끼 쥐에게서 비롯된 것이 틀림없다. 어떤 경로인지는 모르지만 새끼 쥐의 줄기세포가 태반을 벗어나 엄마의 혈관으로 들어간 후 심장에 이르러 고동치는 심장 세포로 변한 것으로 보였다. 심지어 이 세포는 심장마비로 손상을 입은 부위를 치료하는 것까지 도왔다.

같은 일이 인간에게도 일어날 수 있다. 흥미롭게도, 심부전증이 있는 여성 중 임신한 여성은 임신하지 않은 여성보다 생존 가능성이 더 높다. 스페인의 한 연구팀이 심한 심부전증이 있는 두 여성의 심장을 검사한 결과, 심장 안에서 수

년 전에 태어난 아들의 세포를 발견했다. 또한 혈액검사를 통해 이들이 임신 후 수십 년 동안 아이의 DNA가 들어 있는 세포를 지녔음을 밝히고 심지어 뇌에 숨어 있는 외래 세포까지 발견했다. 그렇다면 우리 엄마 몸에도 극히 일부일지라도 내가 남아 있을지도 모른다. 엄마의 심장을 뛰게 하는 세포일까? 아니면 엄마의 뇌에서 다른 신경세포와 대화를 나누는 세포일까? 내가 엄마의 자궁에서 더부살이하는 동안 적어도 아주 조금이나마 엄마에게 도움이 되었을지도 모른다는 생각을 하니 참 좋다.

# 자연이 만든 복제품,
# 그리고 내 안의 쌍둥이 자매

자궁점막으로 들어가는 길을 무참히 파고든 이 세포들은 결국 내 몸의 일부가 되지는 못한다. 실제로 내 몸이 될 세포를 배아라고 부르는데, 주머니배의 안쪽에 들어앉아 얌전히 숨어 있다. 수정이 일어나고 일주일이 지나면 배아는 수많은 줄기세포로 구성된다. 줄기세포는 어떤 신체 부위로도 발달할 수 있는 세포로 심장근육세포, 신경세포, 간세포, 또는 전혀 다른 형태의 세포로 분화할 수 있다. 이 단계의 세포는 너무 유연한 나머지 한 명 이상의 사람을 만들어낼 수도 있다. 만약 세포 일부가 떨어져나가 하나가 아닌 두 개의 분리된 세포 다발을 형성하면, 완전한 두 명의 인간으로 자랄 수 있다. 이것이 일란성 쌍둥이가 생성되는 가장 일반적인 방식이다. 단, 이때는 이미 태반이 형성된 후여서 쌍둥이는 태반을 나누어 써야 한다. 만약 세포들이 그보다 며칠 먼저, 다시 말해 아직 뽕나무 열매 상태일 때 분리되면 두 개의 주머니배가 따로따로 자궁에 달라붙어 배아는 각자 자기 태반을 갖고 자랄 것이다. 일란성 쌍둥이의 약 3분의 1이 이런 식으로 태어난다.

일란성 쌍둥이는 근본적으로 같은 세포에서 기원했기 때문에 완전히 똑같은 DNA를 가진다. 자연이 만든 복제품(클론)이라고 볼 수 있다. 만약 일란성 쌍둥이 중 하나가 범죄자가 된다면, 과학수사대 요원도 DNA 분석으로는 둘을 구분하지 못할 것이다. 그러나 지문을 조사하면 누가 죄를 지었는지 밝힐 수 있다. 일란성 쌍둥이라도 지문은 다르기 때문이다. 자궁 속의 환경은 손가락 끝에 고유한 패턴을 만들어 낸다. 쌍둥이라도 자궁 안에서 누워 있는 위치가 서로 다르기 때문에 손가락 끝이 경험하는 양수의 흐름이나 압력은 다르다. 또한 쌍둥이라고 해서 발달 속도가 반드시 같지는 않다. 태반에서 받는 영양분이 골고루 공급되지 않기 때문이다. 다시 말해 비록 유전자가 완벽하게 일치하더라도 쌍둥이 사이에 미세한 변이가 있을 수 있다는 뜻이다.

엄마가 하나가 아닌 두 개의 난자를 배란했을 때에도 쌍둥이를 임신한다. 두 개의 난자는 각각 다른 정자에 의해 수정된다. 이 경우를 이란성 쌍둥이라고 부르고 이들의 DNA는 일반적인 형제자매와 마찬가지로 서로 완전히 다르다. 그렇지만 평범한 형제자매와는 다른 점이 있다. 쌍둥이는 자궁에 있는 동안 서로의 세포를 교환한다. 아기가 뱃속에서 자기 세포를 엄마에게 전달하는 것처럼 말이다. 이란성 쌍둥이는 이런 식으로 두 개의 혈액형을 가질 수도 있다. 원래 자신의 혈액형 하나, 그리고 쌍둥이 형제에게서 받은 혈액형 하나.

내가 아는 한 나에게 쌍둥이 자매는 없지만, 한 번도 만나지 못한 쌍둥이가 있었을 가능성은 있다. 드물지만 두 개의 세포 다발이 각각 독립된 몸으로 발달하기 전에 합치는 경우가 있는데, 이런 일이 이란성 쌍둥이에게서 일어난다면 아기는 소위 '키메라'라고 부르는 두 세트의 DNA를 가지고 자랄 것이다. 따라서 모든 세포가 똑같은 DNA를 가지는 게 아니라 일부는 쌍둥이 형제자매의 DNA를 지닌다. 이 현상은 대체로 쉽게 인지되지 않지만, 때로 황당한 상황을 초래하기도 한다.

워싱턴 출신 리디아 페어차일드Lydia Fairchild의 경험을 예로 들어보자. 2002년에 리디아는 막 세 번째 아이를 출산하고 정부에 육아 지원을 신청했다. 지원 부서는 리디아와 리디아의 전 남자친구가 아기의 생물학적 부모임을 증명하는 DNA 검사를 요구했다. 예상한 대로 리디아의 전 남자친구는 아기의 아버지임이 증명되었으나, 문제는 리디아였다. DNA 검사 결과, 리디아가 아기의 엄마가 아니라고 나온 것이다. 리디아 페어차일드는 사기죄로 기소될 위험에 처했고, 더구나 아기를 빼앗길지도 모른다는 두려움에 떨어야 했다. 법원은 아기를 출산할 당시 그 자리에 있었던 의료진을 증인으로 소환했다. 그리고 추가로 혈액검사를 실시했다. 그러나 역시 DNA 분석 결과는 리디아가 아기의 엄마일 수 없다는 결론을 내렸다. 방금 낳은 아기의 엄마가 자기가 아니니 어떻게 이런 일이 가능할까? 검사가 잘못된 걸까?

이 수수께끼 같은 사건의 전말은 리디아의 다른 신체 부위에서 채취한 샘플을 검사한 후에야 밝혀졌다. 예전에 채취한 혈액과 피부 샘플의 DNA는 아기와 일치했다. 그러나 자궁경부 세포는 달랐다. 이 세포 안에는 전혀 다른 DNA 세트가 들어 있던 것이다. 리디아 페어차일드는 키메라였다. 리디아가 태어나기 전, 그녀의 세포는 자궁에서 자신의 쌍둥이 자매와 융합했다. 각자 완전하고 독립적인 몸으로 발달하는 대신, 두 세포 집단은 하나의 몸에서 서로 협력하고 할 일을 나누었다. 그러니까 리디아의 피부세포는 쌍둥이 중 한 명에게서 왔고, 난자와 자궁경부 세포는 다른 한 명에게서 온 것이다. 리디아의 몸은 쌍둥이 자매로 이루어졌으므로 그녀는 결국 자기 아이의 엄마이자 이모인 셈이다.

일란성 쌍둥이가 아니라면 나와 똑같은 DNA를 가진 사람은 지구상에 한 명도 없다. 정자와 난자가 융합할 때 완전히 고유한 암호가 만들어진다. 그러나 인간 제조법 자체는 모든 사람에게서 거의 동일하므로 실제 개인의 개성이 드러나는 부분은 극히 일부에 불과하다. 이제는 온라인에서도 이 인간 제조법을 얼마든지 찾아볼 수 있다. 연구자들은 인간 게놈 프로젝트를 통해 총 30억 개의 A, T, C, G 문자로 구성된 인간 DNA 전체를 지도화했다. 이 지도가 어느 한 개인의 것으로 수렴되는 것을 방지하기 위해 익명의 DNA 기증자들이 암호의 각기 다른 부분에 기여했다. 인간 게놈 프로젝트는 완성하는 데만 수년의 시간과 수억 달러의 비용이 들어간 초대형 프로젝트였다. 그러나 과학기술이 빠르게 발전하면서 오늘날에는 불과 1,500달러로 같은 결과를 낼 수 있다. 침 샘플을 연구실에 보내면 며칠 후에 내 몸을 이루는 전체 DNA의 정확한 A, T, C, G의 배열 순서를 받아볼 수 있다. 개략적인 스캔으로 만족한다면 비용은 훨씬 저렴하다. 이 몸속 공식을 순서대로 인쇄한다면 두꺼운 책으로 100권은 찍어내야 할 것이다. 당신이 이 책의 문자를 매초 하나씩 읽는다고 가정하면 이 책을 모두 읽는 데 95년이 꼬박 걸리겠지만, 온통 A, T, C, G뿐인 문장을 읽어봤자 자신에 대해 알 수 있는 것은 하나도 없을 것이다.

마침표, 쉼표, 띄어쓰기 하나 없이 쓰인 책을 상상해보자. 어떤 페이지에는 경고도 없이 반대 방향으로 쓰였다고 생각해보자. 그리고 매 페이지마다 이해할 수 없는 문장, 앞뒤가 맞지 않는 난센스와 횡설수설투성이다. 우리 DNA도 마찬가지다. 그러나 과학자들은 이런 혼돈과 무수한 글자의 조합에서 말이 되는 단어와 이해할 수 있는 문장을 끄집어내고 있다. 그중에서도 이들이 처음 확인한 바는 과거, 인간의 유전자 수가 약 10만 개쯤 될 것이라는 과학자들의 추정이 심각한 오류였다는 사실이다. 우리가 가진 유전자는 10만 개의 근처에도 가지 못했다. 컴퓨터를 발명하고 문명과 도시를 세운 위대한 인간은 불과 20,500개 정도의 유전자를 갖고 있다. 알기 쉽게 비교하자면, 이 수는 앞서 말한 예쁜꼬마선충의 유전자 개수와 대략 비슷하다. 심지어 옥수수도 33,000개의 유전자로 인간을 압도한다. 사실 우리 몸속의 유전자는 게놈을 구성하는 전체 DNA의 2퍼센트 미만을 차지한다. 그렇다면 도대체 유전자가 실제로 하는 일은 뭘까?

3주
16일

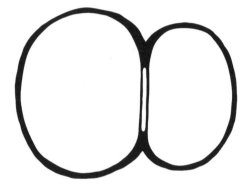

1밀리미터
양귀비 씨앗의 크기

# 몸의 윤곽

수정 후 3주째 들어서면 세포 다발은 편평하고 넓게 펼쳐진다. 현재로서는 어떻게 보아도 인간의 모습을 닮은 구석이 없는, 그저 작고 둥근 원반에 불과하다. 원반의 양면에는 체액으로 가득찬 주머니가 각각 하나씩 자리잡고 있다. 그중하나가 아기집(태낭)이 되어 태아를 감싸고 앞으로 태아가몇 개월 동안 살게 될 작은 풀장의 벽을 형성한다. 나머지하나는 난황 주머니(난황낭)가 되는데, 나중에는 위장 안에서끈으로 묶인 둥근 풍선처럼 보인다. 난황 주머니는 최초의혈액세포를 만드는데, 나중에 간, 지라(비장), 골수가 이 임무

49

를 넘겨받게 된다. 그래서 마침내 쓸모가 없어진 난황 주머니는 쪼그라들어 장의 일부가 된다.

새를 비롯해 알을 낳는 동물에게 난황의 가장 중요한 역할은 영양분 공급이다. 물론 이 동물들은 양분을 공급할 태반이 없다. 그래서 난황 안에 비타민, 무기질, 지방, 단백질을 잔뜩 갖고 있다. 달걀을 깨보면 가장 먼저 눈에 띄는 것이 바로 난황인 노른자다. 노른자에 붙어 있는 가늘고 하얀 실 가닥처럼 생긴 알끈은 노른자를 달걀의 중앙에 고정시키는 역할을 한다. 수정된 달걀, 즉 유정란에서는 난황 주머니 표면의 얇고 하얀 막에서 천천히 병아리가 자랄 것이다. 처음엔 눈에 잘 띄지 않는 점처럼 보이지만, 며칠이 지나면 붉은 혈관이 노른자 주위를 감싸고 점차 노른자가 줄어들면서 서서히 작은 생명체가 나타난다. 그리고 3주가 지나면 알이 부화하면서 갓 태어난 병아리가 세상과 만날 준비를 한다.

이 과정이 인간에게서는 느리게 진행된다. 그래도 3주째에 들어서면 적어도 원반 수준은 벗어나는 매우 중요한 한 걸음을 내디딘다. 몇 시간에 걸쳐 앞과 뒤, 위와 아래, 왼쪽과 오른쪽이 결정된다. 이 시기는 전체 발생 과정에서 가장 중요하다. 이때 뭔가 잘못된다면, 당신이 살가죽 아래 안전하게 자리잡은 장기와 왼쪽에서 든든하게 뛰는 심장을 지니고 이 책을 읽는 일은 없을 것이다.

이 극적인 변화의 첫 번째 징조는 원반이 점차 타원형으로 바뀌는 것이다. 그와 동시에 얇은 줄이 나타나는데 바로 이 줄에서 등이 만들어지기 시작한다. 그리고 가장자리에서 타원판의 중앙 쪽으로 줄이 연장되는데 여기에서 나중에 머리가 나온다. 지금 상태로 이 줄을 확대해보면 세포들이 모두 돌아다니는 것을 볼 수 있다. 그 중심에 작은 구덩이가 생기는데, 세포들이 그 안으로 뛰어들면서 맨 위쪽에 있는 판 바로 밑에 새로운 층을 형성한다. 이제 포개진 두 개의 세포 판이 생겼다. 그 직후, 새로 만들어진 세포들이 돌아다니다가 두 세포 판 사이에 자리를 잡고 펼쳐지면서 결국 총 세 개의 독립적인 세포층(배엽)을 형성한다.

지금까지의 과정이 별로 대수롭지 않게 들릴지도 모르겠다. 아까 내가 대단히 극적인 변화를 예고했는데 지금까지 진전된 거라곤 고작 둥근 판이 세 겹짜리 세포 샌드위치로 변한 것에 불과하니까 말이다. 그러나 어찌됐든 얼마 전 뽕나무 열매 모양일 때보다는 훨씬 흥미로운 상태다. 이제 이 세포들은 자기가 지금 어디에 있고 무엇을 해야 할지 알지 못하는 혼란스럽고 도움이 절박한 신참이 아니다. 적어도 모두가 그런 것은 아니다. 이제 세포들 사이에서 어느 정도 분업이 마무리되었기 때문이다. 제일 바깥층에서 생성된 세포(외배엽)는 피부, 머리카락, 손톱, 눈의 수정체, 그리고 뇌가 된다. 제일 안쪽에 있는 세포층(내배엽)은 창자, 간, 기관지, 허파로 발달한다. 그리고 중간에 있는 세포층(중배엽)은 골격, 근육, 심장, 혈관으로 변한다.

시간이 지나면서 각 세포는 점차 특정한 임무를 지니도록 분화해 마침내 200종류가 넘는 다양한 세포로 변신한다. 세포의 모양, 크기, 특징은 그야말로 각양각색이다. 둥근 적혈구는 혈액 속을 떠다니며 산소를 운반한다. 면역세포는 침입자를 찾아 온몸을 기어다닌다. 귀에는 우리가 듣는 모든 소리에 맞춰 춤추는, 털처럼 달린 감각세포가 들어있고, 뇌에서는 신경세포의 긴 가닥을 따라 전기신호가 깜빡이며 빛날 것이다.

그러나 이들 세포 안에 들어 있는 DNA 가닥은 모두 완벽하게 똑같다. 자궁의 저 위쪽, 나팔관에서 떠다니던 최초의 세포로부터 물려받은 이 제조법은 세포에서 세포로 거듭 복제되어왔다. 그렇다면 무엇이 이 세포들을 서로 이렇게 다르게 만드는 걸까?

그 답은 이들이 만드는 단백질에 있다. 사실 유전자 자체는 하는 일이 없다. 그저 세포가 단백질을 만들 때 참조하는 제조법에 불과하다. 세포는 필요하지 않은 제조법은 밀어놓고 꼭 필요한 부분만 꺼내 쓴다. 그래서 세포마다 각자 특정한 단백질을 만들 수 있다. 어떤 유전자는 계속 켜져 있어해당하는 단백질을 지속해서 만들어내는 반면, 어떤 유전자는 꺼져 있다. DNA 분자는 핵 속에 철통같이 보호된다. 마치 대단히 진귀한 요리 비법처럼 말이다. 세포가 단백질을 생산할 때는 우선 필요한 제조법이 적힌 유전자 부분을 RNA 형태로 복사한다. RNA는 DNA와 매우 흡사한 분자다. 핵 속에서 복사된 RNA 분자는 요리 비법 원본인 DNA는 핵 내부에 그대로 둔 채 밖으로 나와 세포 내 단백질 공장(리보솜)으로 이동한다.

세포는 본격적으로 단백질을 생산하기 전에 RNA 복사본의 일부를 잘라버리고 나머지를 다시 이어 붙이는 가공과정을 거치는데, 이때 여러 방식으로 자르고 붙임으로써 같은 제조법을 가지고 여러 종류의 단백질을 만들 수 있다. 마치 외할머니의 사과파이 비법을 살짝 응용해 파이 위에 아몬드를 뿌리거나 반죽에 건포도를 넣는 식으로 새로운 파이가 탄생하는 것처럼 말이다. 모든 것이 준비되면 세포의 단백질 공장은 아미노산을 결합하기 시작한다. 아미노산은 집을 지을 때 쓰는 벽돌처럼 단백질을 만드는 기본적인 건축 자재다. 단백질 제조 공장의 기계는 RNA 형태로 복사된 제조법을 보고 한 번에 염기를 세 개씩 읽어나간다. 세 개의 염기가 짝을 지어 이루는 부호(코돈)는 각각 총 20개의 아미노산 중 하나를 나타낸다. 예를 들어 기계가 구아닌(G), 아데닌(A), 아데닌(A)을 의미하는 GAA라는 부호를 읽으면, 그건 글루탐산이라는 아미노산을 이어 붙이라는 뜻이다. 다양한 문자(염기)의 조합으로 아미노산을 각각 고유한 부호로 나타낼 뿐 아니라 기계에 단백질 생산을 시작 또는 종료하라는 신호를 줄 수 있다. 그렇게 생산된 아미노산의 긴 사슬이 3차원 구조를 형성하면 바로 그게 단백질이다. 아미노산이 배열되는 순서에 따라, 단백질은 긴 단백질 섬유에서 작고 둥근 구슬까지 어떤 모양도 될 수 있다. 심지어 작은 프로펠러를 닮은 단백질도 있다. 어떤 단백질은 서로 꼬이고 엮여서 피부나 눈꺼풀 같은 커다란 구조물을 형성하기도 한다. 또 다른 단백질은 세포 안에서 쉴 새 없이 일하며 영양분을 분해하고 에너지를 저장하고 물질을 운반하고 대사 과정을 조절한다.

새로운 단백질을 생산함으로써 세포는 자신을 탈바꿈하고 새로운 임무를 수행할 수 있다. 수정 후 3주가 되면 이 세포 중 일부가 힘을 합쳐 첫 번째 신체 기관을 만든다. 나중에 등이 될 세포와 함께 중간층에 있는 세포들은 척삭noto-chord이라고 알려진 두꺼운 줄을 만든다. 만약 어떤 배아가 창고기의 배아라면 평생 이 줄을 간직할 것이다. 창고기는 물고기처럼 생긴 생물로, 골격이 없지만 단단한 척삭 덕분에 몸이 축 처진 젤리 같은 소시지가 되는 운명은 피했다. 다른 일반적인 물고기와 인간은 단단한 척추가 완성되면 척삭 없이도 아무 문제가 없다. 마지막으로 남아 있던 척삭의 일부가 척추 사이에 자리잡아 충격을 흡수하는 완충 역할을 할 것이다. 그러나 아직 배아일 때는 척삭의 역할이 창고기의 척삭 못지않게 중요하다. 앞으로 벌어질 사건들을 이해하는 데 아주 중요한 신호를 세포에 보내기 때문이다.

위층(외배엽)에 있는 세포들은 척삭이 보내는 신호를 받아 두꺼운 판을 형성하기 시작한다. 척추의 양쪽에서 판의 가장자리가 서로를 향해 가운데로 접혀 수정 후 약 1개월이 지나면 마침내 하나의 관(신경관)이 된다. 나중에 이 관의 대부분이 척수로 바뀔 것이다. 머리끝에서는 관이 부풀어올라 세 개의 작은 주머니를 형성한다. 세포가 가장 야심 찬 두뇌 프로젝트를 시작하는 지점이 바로 이곳이다. 두뇌는 세포가 가장 먼저 착수한 과제임에도 불구하고 가장 마지막에 완성되는 기관이기도 하다. 세포는 우리의 뇌에서 상당히 오랫동안 작업을 지속할 것이다. 웬만한 준비를 마치고 세상에 태어날 때조차 우리의 두뇌는 완성과는 한참 떨어져 있다. 과거에 연구자들은 두뇌가 사춘기 이전에 어느 정도 완성된다고 생각했지만, 최근 수십 년간의 연구 결과에 따르면 두뇌는 20대 후반까지도 큰 변화를 겪는다. 이 신비한 기관은 나중에 다시 돌아보기로 하고 지금은 훨씬 긴급한 다른 신체 기관들을 살펴보는 게 좋겠다. 배아의 가장 깊숙한 곳에 자리잡은 세포들은 현재 영양실조에 걸릴 지경이다. 이전에는 산소와 영양분을 주변에서 직접 얻을 수 있었지만 배아가 커지면서 가장 안쪽에 있는 세포들은 죽을 위험에 처했다. 심장이 없었다면 결국 최후를 맞이했을지도 모른다.

임신 후 약 18일이 지나면 배아는 척추 양쪽으로 두 개의 작은 관을 형성한다. 이후 며칠 동안 이 관은 서로를 향해 다가가 결국 합친다. 동시에 이 새로운 관 주위의 세포가 변화하여 매우 특별한 세포가 된다. 심장의 근육세포다. 이 세포들은 곧 저절로 수축하기 시작한다. 줄어들었다 커지길 끊임없이 반복하면서 무슨 일이 있어도 멈추지 않는다. 과학자들이 연구실에서 배양접시에 심장 세포를 키워 각 세포가 독립적으로 수축하는 것을 관찰했다. 심장 세포는 작은 관을 통해 서로 접촉하면서 비로소 고동치기 시작한다. 두근두근. 그렇게 처음으로 작은 심장이 뛰기까지 걸린 시간은 고작 22일에 불과하다.

심장은 매일, 매초 단 한 번의 휴식도 없이 고동칠 것이다. 투명한 온몸에 작고 붉은 피의 반점이 나타난다. 이것들이 뭉쳐 첫 번째 혈관을 형성한다. 앞으로 몇 시간에 걸쳐 세포는 점차 복잡해지는 몸의 구석구석에 도달할 수 있는 새로운 혈관을 뚫어야 한다. 혈관은 점점 더 작은 관으로 가지를 치는데, 그중 가장 작은 것을 모세혈관이라고 부른다. 모세혈관은 너무 좁아서 작은 혈액세포 하나도 겨우 지나갈 정도다. 10개의 모세혈관을 나란히 늘어놓아 봤자, 고작 사람의 머리카락 굵기밖에 안 된다. 모세혈관은 벽이 아주 얇아서 혈액 속의 산소와 영양분이 벽을 뚫고 배어나와 주변의 배고픈 세포로 들어간다. 완성된 온몸의 혈관 끝과 끝을 이어 연결하면, 그 길이는 지구 둘레의 두 배 이상이 될 것이다. 이 거대한 네트워크를 통해 피가 우리 몸의 모든 세포로 펌프질된다. 그러나 심장은 절대 지치지 않는다. 모든 것이 끝나는 마지막 순간까지 심장은 계속 일한다.

거의 모든 동물의 심장이 일생 동안 뛰는 횟수는 비슷하다. 이는 동물의 몸집, 수명, 분당 심장박동 수 사이의 연관성 때문이다. 다만 인간은 분명한 예외인데, 우리는 분당 70회의 맥박 수로 계산된 예상 수명보다 훨씬 오래 산다. 반면 쥐는 전형적으로 이 패턴을 따른다. 생쥐의 작은 심장은 적어도 1분에 450회씩 빠르고 열정적으로 뛴 후 1, 2년 내에 수명을 다한다. 이 스펙트럼의 반대쪽에는 현존하는 가장 큰 동물인 대왕고래가 있다. 대왕고래의 혈관은 우리가 그 안에서 수영도 할 수 있을 정도로 넓다. 최소 100킬로그램 이상 나가는 대왕고래의 심장은 분당 10회 미만 뛰며, 매번 1,000리터의 혈액을 거대한 몸 전체로 내보낸다. 이들은 80년 이상 산다. 대왕고래의 심장 고동 소리는 수 킬로미터 떨어진 곳에서도 들릴 만큼 크다.

대왕고래 이야기는 그만하자. 이 책은 어디까지나 나에

관한 이야기니까. 내 조그만 심장이 뛰기 시작하면서 작은 몸 주위로 액체를 펌프질한다. 아직은 세포들이 혈관이나 혈액을 다 만들지 못했으므로 이렇게 간질이는 수준으로도 충분하다. 이야기는 계속되고, 나는 쌀 한 톨보다 크게 자랄 것이다. 그런데 어떻게 심장은 자기가 바로 그때 거기에 있어야 한다는 것을 알았을까? 왜 허파나 귀가 아닌 심장이 되었을까? 이것을 이해하려면 우선 세포들이 서로 어떻게 소통하는지 알아야 한다.

# 초심자를 위한 세포의 언어

세포는 끊임없이 대화한다. 우리가 무엇을 먹고 마셨는지, 나쁜 세균이 어디서 침입해 기어들어 왔는지, 우리 몸이 현재 스트레스를 받거나 두려움에 떨고 있는 상황인지에 관해 대화를 나눈다. "지금 여기에서 염증반응을 시작해야 할까?", "이 혈관을 확장해야 하나?", "심장이 뛰는 속도는 적절한가?", "지방을 충분히 분해하고 있나?" 수십억 대화가 소리 하나 없이 오간다.

세포의 언어는 분자다. 세포는 대개 여러 종류의 단백질로 이뤄진 화학 메시지를 주고받음으로써 소통한다. 어떤 메시지는 시끄러운 고함처럼 혈액을 타고 한쪽 끝에서 다른 쪽 끝까지 내달리기도 한다. 막 밥을 먹었다면 이자(췌장)에서 어떤 단백질을 보내 소리친다. 그 단백질은 바로 인슐린이다. 간세포가 이 인슐린 단백질 메시지를 받으면 혈당을 긴 사슬로 조립해 나중에 쓸 수 있도록 저장한다. 이자가 끼니마다 소식을 알려주지 않는다면 간은 매우 혼란스럽고 지칠 것이다. 간은 미래에 사용하기 위해 혈당을 챙겨 에너지를 저장하거나, 또는 당장 써먹기 위해 에너지를 풀어놓는 일을 번갈아 해야 한다. 우리가 아침밥을 거르거나, 혹은 저녁 식사 전에 갑자기 케이크를 한 조각 먹는다면, 분명히 세포들은 즉각적으로 이에 대해 의논할 것이다. 또한 세포는 미세한 물질을 주변 체액으로 방출해 이웃과 좀 더 친밀한 대화를 나눌 수 있다. 심지어 세포가 혼잣말을 하는 것도 드문 일은 아니다. 감염을 감지한 면역세포는 공격을 개시하기 전에 스스로에게 격려의 말을 건네기도 한다.

모든 세포는 세포막이라는 얇은 막으로 둘러싸여 있고, 몇몇 분자들만 허가 없이 막을 통과해 세포 안으로 들어갈 수 있다. 반면에 대부분의 화학 메시지는 세포 표면에 위치한 '수용체'라는 분자를 통해 간접적으로 전달된다. 메시지와 수용체는 열쇠와 자물쇠처럼 서로 맞물린다. 예를 들어 간세포의 표면에는 인슐린 수용체가 있다. 인슐린 분자가 수용체에 맞물려 연결되면 세포 안에서 일련의 연쇄반응이 시작된다. 혈당을 들여보내기 위해 세포막의 문이 열리고 간세포는 영양분을 저장하기 시작한다.

많은 질병이 세포 간의 교신 실패 때문에 발생한다. 제1형 당뇨병의 경우, 이자가 제 목소리를 내지 못한다. 다시 말해 이자가 충분한 인슐린을 생산할 수 없다. 알 수 없는 이유로 신체의 면역체계가 인슐린을 만드는 세포를 공격하면, 이자가 간에 지르는 고함은 점잖은 헛기침 정도로 그치고 만다. 그렇다면 환자는 주사기로 체내에 인슐린을 직접 공급해 메시지를 전달해야 한다. 반면 제2형 당뇨병에서는 이자가 인슐린을 통해 식사가 끝났다고 보고해도 세포가 말을 듣지 않는다. 인슐린이 혈액으로 분비되어도 세포 표면에 있는 수용체가 인슐린을 잘 받아들이지 못하는 것이다. 우리가 아무리 많이 먹어도 세포는 여전히 배가 고프다고 확신하기 때문에 당뇨병이 위험한 것이다. 따라서 배가 부르다는 사실을 의식하지 못한 간이 저장된 에너지를 계속해서 분해한 나머지, 혈당 수치가 위험할 정도로 높아진다. 당을 저장하지도 못하고 그렇다고 당장 이용할 수도 없기 때문에 신체는 소변을 통해 남아도는 당을 제거해야 한다. 그러다 보니 과도하게 목이 마르고 쉴 새 없이 소변을 보아야 한다. 이것은 당뇨의 흔한 증상이다. 또한 당뇨 환자의 소변은 달짝지근한 맛이 난다. 초기 의학 시대에는 당뇨를 진단할 때 실제 환자의 소변을 직접 맛보는 것이 일상적이었다. 영국 의사 토머스 윌리스Thomas Willis는 이 일에 크게 개의치 않았던 모양이다. 1674년, 윌리스는 자신이 맛을 본 소변에 대해 "꿀이나 설탕을 탄 것처럼 깜짝 놀랄 정도로 달콤하다"라고 썼다. 그가 당뇨병diabetes muellitus이라는 명칭 뒤에 덧붙인 라틴어 '멜리투스mellitus'는 '감로甘露'라는 뜻이다. 이 용어는 오늘날까지 쓰인다.

인슐린은 세포가 의사소통에 사용하는 수많은 물질 중 하나에 불과하다. 의사소통을 통해 신체는 안정되고 제대로 기능하는 군집이 된다. 이 군집에는 우주에 있는 은하보다 더 많은 거주자가 있지만 그들이 서로 이견을 조율하는 덕분에 우리는 아무 때나 식사할 수 있고, 뜨거운 방에서 차가운 방으로 마음대로 옮겨다닐 수도 있고, 쉴 수도, 뛸 수도 있으며, 평소보다 일찍 일어나거나 뜬눈으로 밤을 지새울 수도 있는 것이다. 어떤 경우든 우리 몸은 혈액의 산도를 유지하고 양분과 에너지를 몸 전체에 골고루 분배하고 노폐물을 처리하고 나쁜 세균을 해치움으로써 몸속 환경을 감동적일 정도로 안정되게 유지할 것이다. 우리가 한 번 관심도 주지 않는데 말이다.

세포는 신체를 건설하는 과정에서 이 화학 메시지를 이용해 임무를 공유하고 지시를 주고받는다. 명령을 내리는 상사는 없다. 그리고 어떤 세포도 자신이 무엇을 하는지, 또 결과가 무엇인지 알지 못한다. 요컨대 세상 누구도 세포들이 무엇을 짓는지 본 적은 없다. 세포가 하는 일은 한 단계에서 다음 단계로 넘어가는 것뿐이다. 이렇듯 세포가 지금까지 일련의 단순한 지시사항만을 하나하나 충실히 따라온 덕분에 우리 몸의 복잡한 형태와 구조는 점진적으로 나타나게 된다. 이는 종이접기와도 비슷하다. 하는 일이라고는 한 단계 한 단계 접어나가는 것밖에 없다. 어느새 손에 종이 백조가 들리게 되는 순간까지 무엇을 만드는지 알 수 없다. 우리는 자연에서 무리가 단순한 규칙이나 지시사항을 따랐을 때 놀라운 패턴이 발생하는 것을 종종 목격한다. 한 예로 새들의 군무를 보자. 작은 새들이 동료에게 너무 가까워지지 않도록 조심하며 모두 정확히 한 방향으로 움직인다. 그 결과 일어나는 경이로운 상호작용은 마치 완벽하게 짜맞춘 군무를 추는 듯한 인상을 준다.

세포가 심장을 만들기 시작할 때 들었던 메시지는 '관을 만들어라'였다. 심관心管이 처음 생겼을 때는 대칭을 이루는 몸의 중앙에 위치했었다. 왼쪽은 오른쪽을 완벽하게 반영한 것처럼 보였고, 심관의 내부도 마찬가지였다. 그러나 언제까지 대칭이 유지되는 것은 아니다. 다음 몇 주 동안 심관은 이 대칭을 깨고 S자 모양으로 압축되어 고리를 그리며 4개의 방을 만든다. 모든 것이 정상적으로 진행된다면 완성된 심장은 폐 사이에 자리를 잡고 아래로 갈수록 좁아지면서 왼쪽을 가리킬 것이다. 다른 신체 기관도 몸의 각기 다른 부분에 정착해 평생을 머문다. 위와 지라는 왼쪽에, 간은 오른쪽에. 그런데 세포가 어떻게 왼쪽과 오른쪽을 구분하는 걸까? 알고 보면 세포는 신체의 비대칭성이 두드러지기 훨씬 전, 현미경으로 보아야 관찰되는 시점에서부터 이런 준비를 해왔다. 아직 배아가 세포 판 형태일 때, 등을 따라 나 있는 일부 세포에는 섬모라는 가는 털이 자란다. 이 털은 한 방향으로 빠르게 회전하면서 왼쪽으로 움직이는 체액의 흐름을 만들어내 점점 세포들의 움직임을 한 방향으로 이끈다. 따라서 몸 한가운데 있는 세포가 보내는 메시지라도 왼쪽으로 휩쓸리게 된다. 이렇게 몸의 좌우가 아주 미세하게 서로 다른 명령을 받아 다른 방식으로 발달하는 것이다.

희귀 유전 질환인 카르타게너 증후군 환자는 신체 기관이 모두 평범한 사람의 기관과 반대편에 있다. 심장은 몸의 오른쪽에서 뛰고 간은 왼쪽에서 일한다. 좌우 반대인 거울상으로 붙어 있는 것이 큰일은 아니다. 문제는 호흡기 감염과 불임의 빈도가 높아진다는 사실이다. 이것은 세포의 섬모가 제대로 작동하지 않기 때문에 일어난다. 섬모의 용도는 단순히 배아 상태일 때처럼 분자를 휘돌게 하는 데 그치지 않는다. 완성된 신체에서도 섬모가 달린 세포는 여러 군데에서 중요한 역할을 한다. 예를 들면 기침할 때 허파에 있는 섬모 세포가 먼지를 쓸어낸다. 이 청소 기능이 없다면 세균이 허파 깊숙이 가라앉아 감염을 일으킬 수 있다. 흡연자들도 같은 문제를 겪는다. 흡연이 섬모를 파괴할 수 있기 때문이다. 카르타게너 증후군을 앓는 남성은 정자세포의 수영 꼬리가 제대로 기능하지 않아 생식기능이 저하된다.

세포는 자기에게 전달된 메시지가 합리적인지 아니면 얼

토당토않은 것인지 판단하지 못한다. 심장의 메시지가 올바른 방향으로 전달되지 않았다고 해도, 메시지를 받은 세포가 실제로 오른편에 있는지 아닌지는 상관이 없다. 세포는 귀와 눈이 먼 채로 오로지 분자를 통해 세상을 감지한다. 분자가 전달하는 메시지가 "심장, 심장, 심장을 만들어"라고 한다면 복종하는 수밖에 없다. 그런데 분자 하나가 어떻게 실제로 세포의 운명에 영향을 미칠까?

믿거나 말거나, 우리는 초파리에게서 그 해답을 얻을 수 있다.

4주
24일

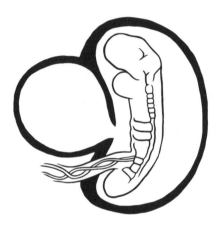

3밀리미터
참깨 한 알 크기

# 예술적인 초파리 제조법

4주 차. 이제는 한발 물러서서 자신에게 감탄할 시간이다. 해냈구나! 상상해보라. 이제 배아는 더이상 하나의 원판에 불과하지 않다. 세포는 여기저기 떠돌면서 생장하고 굽은 끝에 작은 유충을 닮은 재미있는 생명체로 변했다. 이론적으로는 현미경 아래 밀어넣어야지만 실제 어떻게 생겼는지 볼 수 있다. 겨우 몇 밀리미터밖에 안 되지만 배아는 이제 위와 아래, 앞과 뒤가 구분되고 내부에서는 첫 번째 신체 기관들이 자란다. 또한 고동치는 빨간 심관, 머리로 확장하는 신경관, 털로 뒤덮인 투명한 몸을 관통하는 장관腸管이 있다.

내가 여기까지 오는 데는 3주나 걸렸다. 그러나 초파리는 하루도 안 돼서 애벌레가 된다. 겨우 몇 주만 사는 목숨이라면 낭비할 시간이 없다. 알이 부화하면 반짝이는 하얀 벌레가 살금살금 기어나와 먹고 자란다. 5일이 지나면 무게가 무려 1,000배 이상 늘어난다. 이제 애벌레는 잘 포장된 번데기가 되고 그 안에서 초파리의 세포는 이 걸작이 세상 밖으로 나가기 전 마지막 손질을 하게 될 것이다. 눈, 더듬이, 날개, 다리가 나타나고 약 9일 후면 짜잔, 초파리 준비 완료다. 같은 시간에 인간은 아직 엄마의 자궁에 파고드는 데 여념이 없다.

생물학자에게 초파리는 부엌의 성가신 해충이 아니다. 이 곤충은 한 세기 이상 유전자 연구에 봉사해왔다. 아마 이보다 나은 실험동물은 찾기 힘들 것이다. 크기가 작아 다루기 쉽고, 별로 요구하는 게 없어 기르기 까다롭지 않다. 생장 속도가 빠르고 수명이 짧아 세대교체가 빠르다. 그래도 그렇지 인간이 이 생물에게서 배울 수 있는 게 뭐가 있을까? 초파리는 인간과 닮은 점 하나 없지 않은가. 그러나 이 작은 벌레 역시 우리처럼 모든 신체 부위를 제자리에 똑바로 달

아놓아야 한다는 동일한 도전에 직면한다. 이 문제를 해결하려고 인간과 초파리는 똑같은 재주를 부린다. 신체를 분할하는 것이다.

수정 후 3주째가 되면 우리 몸에 처음으로 마디가 생긴다. 체절somite이라고 부르는 작은 돌기가 머리 가까이, 등의 양쪽에서 생겨난다. 약 1시간이 지나면 또 한 쌍이 나타난다. 그렇게 쌍을 이루는 돌기가 등의 아래 끝까지 총 44쌍 만들어진다. 결과적으로 오만 가지 이상한 것들이 척추에 붙어나는 어깨, 갈비뼈, 골반을 갖게 될 것이다. 그러나 그 전에 척추는 반복된 패턴을 만든다. 척추는 동일한 기본 형태를 갖춘 척추뼈 여러 개로 구성되며 그다음에는 위치에 따라 크기나 형태가 조정된다. 위쪽의 척추뼈는 점차 좁아져 우리가 고개를 끄덕이거나 머리를 흔들 수 있게 한다. 아래쪽의 척추뼈는 넓고 튼튼해진다. 복부 근육도 분할된다. 운동을 열심히 한 사람의 복부에서 볼 수 있는 것처럼 말이다.

애벌레 상태의 초파리는 몸 전체에 작은 골이 파인 것처럼 분할이 일어난다. 나중에 애벌레가 초파리 성체로 변태하면서 체절의 위치에 따라 다양한 신체 부위가 자랄 것이다. 첫 번째 체절은 눈과 더듬이가 있는 머리를 형성한다. 가운데 체절은 다리와 날개가 달린 가슴이 된다. 마지막 체절은 배가 된다. 정상적으로 발달한 행복한 초파리는 정확한 위치에 달린 날개와 더듬이를 갖고 고치 밖으로 날아간다. 드물긴 하지만 일이 계획대로 진행되지 않을 때가 있다. 어떤 초파리는 머리에 가느다란 안테나 대신 털이 무성한 커다란 다리가 튀어나오는 경우도 있다. 여분의 날개가 달리거나 주둥이 옆에 발이 달린 초파리도 있다. 이 불쌍한 생물에게 무슨 일이 일어난 걸까?

1970년대에 연구자들은 답을 찾아가기 시작했다. 유전학자 에드워드 루이스Edward Lewis와 캘리포니아 공과대학 동료들이 이 작은 돌연변이 초파리의 유전자를 연구한 결과, 이 극적인 변이가 모두 유전자 하나의 손상 때문이라는 사실을 밝혔다. 연구팀이 이와 관련된 8개의 유전자를 추적했더니 공교롭게도 모두 초파리의 3번 염색체에 있었다. 신기한 사실은 DNA 가닥을 따라 배열된 이들 유전자의 순서는 그 유전자가 통제하는 신체 부위를 그대로 반영한다는 점이다. 다시 말해 DNA 가닥의 끝 쪽에 있는 유전자는 머리에 영향을 주었고, 반대쪽 끝에 있는 유전자는 복부에 영향을 미치는 식이다.

이 유전자들은 혹스*Hox* 유전자로 알려졌다. 혹스 유전자를 교란하면 그 결과로 엉뚱한 곳에 엉뚱한 신체 부위가 달린 초파리가 된다. 울트라바이소락스*Ultrabithorax* 유전자를 예로 들어보자. 이 유전자는 다른 혹스 유전자와 마찬가지로 특정 세포에게 "너희가 흉부의 세 체절 중 마지막"이라는 정보를 알리는 역할을 한다. 따라서 울트라바이소락스 유전자가 없으면 세포는 자연스럽게 자기 뒤에 체절이 더 있을 거라고 생각하고 그에 합당한 신체 부위를 만들어낼 것이다. 충직한 세포는 자신의 진짜 임무가 날개 바로 뒤에 돌출된 숟가락 모양의 작은 균형 기관(평형곤)을 만드는 것임을 전혀 모르고 있다. 이는 매우 안타까운 일이다. 그 균형 기관이 없으면 파리는 여분의 날개가 있더라도 날지 못하기 때문이다. 그래서 혹스 유전자는 각기 다른 체절에 있는 세포가 서로 다르게 행동하도록 조절한다. 그런데 어떻게? 이 신비로운 유전자들이 구체적으로 무슨 일을 하는 걸까?

1980년대에 바젤대학의 월터 게링*Walter Gehring*과 동료들은 이 질문에 답을 찾는 연구를 했다. 당시 유전공학은 급

속도로 발전하여 특정 DNA 조각을 복제해 그 구성을 확인할 수 있었다. 연구팀은 혹스 유전자의 염기 코드를 문자 하나하나씩 일일이 조사한 결과, 혹스 유전자들이 공통적으로 가진 180개짜리 문자열을 발견할 수 있었다. 이것은 몸, 배, 혹은 그 사이의 무엇을 조직하는 혹스 유전자든 간에 들어 있는 문자열이었다. 연구팀은 혹스 유전자의 기능을 이해하는 열쇠가 바로 여기에 있다고 보고 이 180개 염기쌍으로 구성된 문자열을 호메오박스*homeobox*라고 불렀다. 그렇다면 다른 어디선가 이 호메오박스를 본 적은 없을까? 연구팀은 재빨리 데이터베이스를 뒤져 이 180개짜리 문자열을 예전에 지도화된 다른 유전자와 비교한 끝에 몇 개의 유사한 유전자를 찾아내고 패턴을 발견했다. 그 유전자들은 모두 DNA에 직접 결합하는 단백질을 만들었다. 유전자를 켜고 끄는 데 관여한다고 알려진 단백질 말이다. 이 단백질은 생물학자들이 사랑하는 전혀 다른 생물 덕분에 알려졌다. 바로 대장균*E. coli*이다.

당신이 연구실에서 대장균을 배양한다고 말하면 친구들은 다소 싸늘한 표정을 지을 것이다. 이 불행한 세균은 대중들에게 나쁜 평판을 얻었다. 심한 배탈을 일으키는 일부 구성원 때문이다. 그러나 대장균에게는 매우 억울한 일이다. 왜냐하면 대부분의 대장균은 아무 문제가 없고 또 복통을 일으키지도 않기 때문이다. 오히려 무해한 대장균이 아주 오래전부터 창자에 머무르며 위험한 병원균이 침투해 들어오는 것을 막아준다. 연구실에서는 대장균이 선호하는 37도의 따뜻하고 영양분 가득한 노란색 액체 안에서 이들을 키운다. 그 대가로 대장균은 우리에게 필요한 DNA를 복제하거나 단백질을 생성한다. 이들은 우리의 작은 생물 공장이다. 대장균이 없었다면 지금까지 많은 생물학 연구가 이루어지지 못했을 것이다.

1960년대에 프랑스인 자크 모노Jacques Monod와 프랑수아 자코브Francois Jacob는 서로 다른 영양소가 대장균에게 미치는 영향을 조사했다. 그래서 대장균은 포도당과 젖당 둘 다 주어졌을 때 자기가 좋아하는 포도당부터 먹어치운다는 사실을 발견했는데, 이건 마치 집에 있는 사탕을 다 먹기 전에는 누구도 바나나 트위스트를 건들지 않는 것과 같다. 대장균에게는 포도당에서 에너지를 흡수하는 편이 훨씬 쉽다. 젖당을 사용하려면 먼저 단백질로 된 가위를 이용해 먹기 좋게 잘라내야만 하므로 대장균은 포도당이 바닥나기 전에 굳이 성가시게 가위 단백질을 사용하지 않는다. 충분히 일리가 있는 말이지만 어떻게 이처럼 단순한 생물이 그런 결정을 내릴 수 있는 걸까?

대장균이 젖당을 분해하는 가위 단백질을 만들려면 DNA에 적힌 제조법이 필요하다. 대장균은 제조법을 복사해 단백질 생산공장으로 보내야 한다. 그런데 모노와 자코브는 대장균에게 이 복사를 방해하는 억제 단백질이 있다는 사실을 발견했다. 이 억제 단백질이 가위 단백질 유전자 바로 앞에 있는 DNA에 들러붙어 유전자의 '꺼짐' 버튼을 누르고 있기 때문에, 이 단백질이 DNA에서 떨어져나가야만 제조법을 복사해 가위 단백질을 만들 수 있다. 또한 모노와 자코브는 대장균이 완전히 반대로 작용하는 단백질도 만든다는 사실을 발견했다. 이 단백질이 DNA에 붙으면 제조법을 복사하기가 훨씬 쉬워진다. 유전자의 '켜짐' 버튼이 눌러지고 대장균은 마음껏 젖당을 먹을 수 있게 된다.

결국 DNA에 결합하는 단백질로 유전자의 스위치를 켜고 끄는 조절이 가능하다. 그리고 이것이 정확히 혹스 유전자가 만들어낸 단백질 기능이다. 혹스 단백질들은 DNA의 특정 부위에 달라붙어 스위치를 조작해 여러 유전자로 이루어진 집합 전체를 켜거나 끌 수 있다. 초파리는 작고 단순한 대장균보다 훨씬 복잡한 생물이다. 분화된 세포들이 함께 일하며 여러 기관을 조립한다. 따라서 유전자를 사용할 장소와 시간을 통제하는 데 DNA의 많은 구역을 할애한다. 그렇다면 사람에게는 그 과정이 훨씬 복잡할 것이다. 예전에는 연구자들이 유전자 정보가 없는 비非유전자 DNA 구역을 쓰레기라는 뜻의 '정크 DNA'라고 불렀다. 별다른 기능이 없어 보였기 때문이다. 오늘날에는 이 표현을 거의 쓰지 않는다. 왜냐하면 이 신비한 문자 부호에서 새로운 보물을 계속 발견하고 있기 때문이다. 유전자의 앞뒤에 자리잡은 이 부호들은 유전자 스위치로 작용한다. 어떤 단백질은 이 부호를 인식해 유전자가 적절한 시간과 장소에서 켜지게 한다. 이 유전자 스위치들은 집안의 조명 스위치와 비교할 수 있다. 집안의 등 전체를 관할하는 메인 스위치가 있는가 하면, 책상의 스탠드만 켜고 끌 수 있는 개별 스위치도 있다. 혹스 유전자는 특정 유전자 집단 전체에 작용하는 메인 스위치로 작동한다. 그래서 파리의 머리에서는 더듬이가, 가슴에서는 날개가 나오는 것이다.

그렇다면 이제 큰 의문이 든다. 이런 것들이 우리와 무슨 상관이 있다는 말인가? 우리의 몸에 관한 이야기를 하겠다면서 지금까지 의심스러울 정도로 초파리에 관해 떠들어댔으니 말이다. 사람이 초파리와 공유한 조상을 찾으려면 5억 년 이상을 거슬러 가야 한다. 다시 말해 사람과 초파리는 가까운 친척이 아니다. 그렇다면 초파리의 몸을 조직하는 유전자는 인간의 유전자와 완전히 달라야 할 것이다. 그것이 과거 과학자들의 생각이었다. 그런데 1980년대 월터 게링 연구팀이 여러 동물에서 혹스 유전자를 발견하기 시작하면서 모든 것이 뒤집어졌다. 벌레와 물고기, 개구리와 생쥐까지 혹스 유전자는 어디에나 있었다. 그렇다면 사람은 어떨까? 우리 역시 예외는 아니었다. 물론 인체의 시스템은 좀 더 복잡하다. 인체에는 초파리처럼 하나가 아닌 4세트의 혹스 유전자가 있지만 기본 원리는 똑같다. 척추에서 돋아난 여러 돌기의 운명은 혹스 유전자의 다양한 조합으로 결정된다. 이 유전자는 모든 것이 있어야 할 곳에 있도록 조절한다. 어깨는 위에, 골반은 아래에, 그 사이에는 갈비뼈가 있도록 말이다.

못과 망치라는 기본 도구로 창고도 짓고 저택이나 교회도 지을 수 있는 것처럼 혹스 유전자로 초파리, 쥐, 인간을 만들 수 있다. 이것은 '어떤 유전자를 가졌는가'보다 '어떻게 사용하는가'의 문제다. 사실 우리는 초파리와 전체 유전자의 반이상을 공유한다. 우리의 공통 조상은 의심할 여지 없는 벌레였다. 그러나 벌레조차 머리와 꼬리를 확실히 구분하는 유전자가 필요하다. 5억 년의 진화 후에도 여전히 같은 종류의 유전자가 사용되고 있다. 다만 새로운 방식, 새로운 조합일 뿐이다. 앞으로 보겠지만 인간이 먼 과거에서 가져온 기념품은 혹스 유전자만이 아니다.

2개월
5주

0.5센티미터
완두콩 크기

O

# 바다에서 건져온 유산

수정 후 5주째에 들어서면 태아는 완두콩만 한 크기가 된다. 구부러진 작은 몸은 투명하고 머리는 긴 꼬리를 향해 고개를 숙인다. 아직 그럴듯한 얼굴을 갖추지 못해 머리 양쪽에 희미하게 눈의 윤곽이 있을 뿐이다. 아무리 봐도 인간이 될 모양새는 아니다. 지금 같아서는 새우를 더 닮았다. 목에는 깊게 파여 나누어진 네 개의 작은 주름이 생겼다. 그 바로 아래에 있는 것이 심장이다. 고동치는 작은 혹처럼 튀어나왔다.

지금까지 세포가 한 일은 대단히 합리적이었다. 생장하고,

접거나 포개고, 모든 것이 제자리에 자리잡게 하고, 몸을 지을 기반을 만들었다. 그런데 갑자기 엉망이 된 것 같다. 이를테면 왜 필요도 없는 꼬리를 만드는 걸까? 엉덩방아를 찧으면 아프기만 한 딱딱한 엉치에 불과한 꼬리를 말이다. 제정신을 가진 공학자라면 이와 같은 설계는 하지 않을 것이다. 어차피 나중에 사라질 목의 주름을 만드는 것은 또 무슨 의미가 있다는 말인가? 물고기였다면 잘 다듬어 아가미로나 만들어냈을 주름으로 보이지 않는가?

이처럼 우회로를 이용하는 건 인간만이 아니다. 도마뱀, 닭, 코끼리의 배아를 보면 모두 이렇게 똑같이 생긴 이상한 생물을 발견할 수 있다. 19세기 초, 독일의 생물학자 카를 에른스트 폰 베어Karl Ernst von Baer가 배아의 이런 유사성을 발견했지만 설명할 길이 없었다. 그 후 다윈이 답을 내놓았다. 1859년에 출간한《종의 기원》에서 다윈은 책의 한 장 전체를 배아에 할애하여 여러 동물의 배아가 서로 닮은 불가사의한 현상은 모두 공통의 뿌리를 가졌기 때문이라고 주장했다.

우리는 물고기, 도롱뇽, 닭과 수억 년에 달하는 역사를 공유한다. 이 역사는 버림받은 텅 빈 세상에서 시작했지만, 대양의 수면 아래에서는 생명체가 막 출현할 무렵이었다. 물고기를 닮은 우리 조상은 광대한 원시 대양을 누비고 다녔다. 시간이 지나 육지에서 이끼가 메마른 바위를 뒤덮고, 전갈과 지네는 푸르러가는 덤불을 탐험하기 시작했다. 식물은 더 크게 자라 비옥한 토양으로 가득찬 땅속 깊이 뿌리를 뻗었다. 곧, 나무만큼 자란 양치식물 사이로 곤충들이 우글거렸다. 따뜻하고 습한 공기엔 산소가 그득했다. 우리 조상은 이제 원시 숲의 늪지를 헤엄쳐 다닌다. 그러다 그 후손의 일부가 허파와 두꺼운 지느러미를 길러냈고 그렇게 약 4억 년 전에는 마침내 최초의 양서류가 마른 땅으로 기어올라왔다. 그러나 양서류는 여전히 물 근처에 머물렀다. 그들의 삶은 물에서 시작하기 때문이다. 물 없이는 알이 말라 비틀어져 바람 빠진 풍선처럼 쪼그라들 것이다. 한참 시간이 지나 파충류는 이 문제를 해결했다. 알의 표면을 보호막으로 감싸 말라버리는 것을 막았다. 그 후 약 2억 년 전, 최초의 포유류가 등장했다. 이들은 아예 새끼를 한동안 자궁의 안전한 환경에서 키웠다. 그리고 서서히 인간이라는, 두 다리로 움직이는 벌거벗은 포유류가 진화했다. 우리가 침팬지와 공유한 최후의 조상은 약 600만 년 전에 살았다. 우리 인간이 존재한 시간은 38억 년 생명의 역사 속에서 찰나의 순간에 불과하다. 그러나 우리 역시 수생 동물로 생을 시작한다. 우리는 몸속에 나름의 짠 바다를 만들고 처음 숨을 쉴 준비가 될 때까지 그 안에 머문다.

만약 인간이 근본적으로는 그저 개조된 물고기라는 사실을 인정한다면 많은 것을 용납할 수 있다. 터무니없이 비논리적으로 보이던 것들이 이해가 간다. 딸꾹질을 예로 들어보자. 조금은 짜증나는 이 현상을 처음 경험하는 것은 아마 12주 된 태아 때일 것이다. 딸꾹질을 하면 숨쉬는 근육이 갑자기 수축하면서 급격하게 숨을 들이마시게 된다. 그리고 즉시 성대가 닫히면서 우리가 잘 아는 '딸꾹' 소리가 난다. 이 습성은 아무래도 양서류 조상에게서 물려받은 것 같다. 왜냐하면 인간에게는 쓸모없는 이 반사작용이 올챙이에게는 목숨과 연관될 만큼 중요하기 때문이다. 올챙이는 발달 과정의 절반 지점까지도 한때 우리 조상이 그랬던 것처럼 허파와 아가미를 둘 다 가지고 있다. 올챙이가 물속에서 숨을 쉬는 것은 딸꾹질의 연장이다. 목구멍을 닫아 물이 허파로 들어가는 것을 막고 아가미를 통해 밀어낸다.

또 다른 예는 윗입술과 코 사이에 수직으로 골이 팬 홈이다. 이 부위는 인중philtrum이라는 꽤 근사한 의학적 명칭으로 불린다. 어렸을 때 인중이 콧물을 모으기 위한 거라고 생각했던 사람도 있겠지만 실제로는 별다른 기능이 없다. 인중은 우리 얼굴이 형성되는 번거로운 방식의 결과일 뿐이다. 사람의 얼굴은 세 개로 나누어진 부분으로 시작한다. 두 눈은 마치 물고기처럼 머리의 양쪽 면에 자리잡고 콧구멍은 바로 그 위에 있다. 그러다 각 부분이 한 지점을 향해 천천히 움직이기 시작한다. 콧구멍은 이마에서 출발해 아래쪽으로 내려가고, 눈은 가운데를 향해 움직인다. 그러다 모두 현재 우리의 코가 있는 지점 바로 아래에서 합쳐지는데, 세 부분이 동시에 만나는 게 절대적으로 중요하다. 이 시점에서 조금이라도 지체하면 뚜렷한 흔적이 남는다. 구순구개열 상태로 태어나는 것이다. 그러나 모든 것이 계획대로 진행된다면 피부와 근육은 이음매 없이 접합할 것이다. 그 유일한 흔적이 인중이라는 작은 수직 홈으로, 우리가 지금과는 완전히 다른 모습이었을 때를 떠오르게 한다.

배아일 때 목에 있던 네 개의 주름과 균열은 바다에서 전해 내려온 가보家寶다. 물고기의 배아에서 이 균열은 숨을 쉴 때 아가미 사이로 물이 흐르도록 틈을 만든다. 가장 위쪽의 주름은 물고기의 턱이 되고, 마지막 두 개는 아가미를 지탱하는 조직을 형성한다. 양서류, 파충류, 포유류에서 모두 같은 주름과 균열이 발달하지만, 진화는 이것의 새로운 용도를 발견했다. 예를 들어 가장 위에 있는 주름은 턱이 되는 것은 물론, 우리가 소리를 들을 때 사용하는 뼈가 될 수도 있다. 양서류와 파충류를 공부해보면 두 번째 주름이 물고기에서는 발견되지 않는 작은 귀 뼈(등자뼈)의 기원이라는 사실을 알게 될 것이다. 공기 중에서 음파는 물속에서보다 더 느리게 이동한다. 작은 등자鐙子처럼 생긴 이 뼈는 공기 중의 소리를 들을 수 있게 해준다. 음파가 물을 통과할 때는 물고기의 온몸에 진동을 보낸 후 곧이어 눈 바로 뒤에 있는 청각 기관에 도달한다. 육상에서는 음파가 먼저 크게 증폭한 다음에야 우리의 감각세포를 활성화할 수 있다. 등자뼈에 음파가 부딪혀 내이의 경계막을 때리면 뒤쪽에 있는 체액을 통해 파동을 보내고 그 파동이 안에 위치한 융모성 감각세포로 하여금 소리 톤에 맞춰 춤을 추게 한다. 높은 톤의 팽팽하고 빠른 파동을 좋아하는 세포가 있는가 하면, 또 어떤 세포는 진폭이 넓고 낮은 톤에서 춤추기를 좋아한다. 이처럼 춤추는 세포의 화학물질이 신경세포로 전달되고, 이것이 가는 전선을 따라 청각 신경으로 전기신호를 보내 뇌에까지 이어진다.

포유류는 청력을 한 단계 더 강화했다. 과학자들이 화석을 연구해 파충류의 턱 뒤에 있던 뼈들이 시간이 지나면서 어떻게 작아져 마침내 최초의 포유류 귓속에 머무르게 되었는지를 알아냈다. 이 두 개의 뼈는 망치뼈와 모루뼈라고 부른다. 이 뼈들은 고막 뒤에서 순차적으로 진동함으로써 신호가 내이에 도달할 때까지 등자뼈가 음파를 증폭하는 것을 돕는다. 이처럼 개조된 턱 덕분에 우리는 파충류보다 청력이 더 좋아졌다.

과학자들이 인간 진화의 역사적 흔적을 발견한 것은 화석이나 배아에서만이 아니다. 오늘날 우리에게는 마음대로 사용할 수 있는 새로운 도구가 있다. 즉, 여러 종의 DNA를 비교할 수 있게 된 것이다. 유전자가 어떻게 작동하고 어떻게 유전되는지 알지 못했던 다윈은 아마 오늘날 우리가 발견한 모든 것에 아낌없는 박수를 보낼 것이다. 우리는 초파리, 물고기, 인간이 공통 조상으로부터 중요한 유전자를 물려받았다는 사실을 확인했다. 우리는 이 유전자를 가지고 신체를 앞과 뒤, 머리와 꼬리가 있는 기본적인 형태로 조직한다. 좀 더 후대의 조상으로부터는 뼈, 척추, 두뇌를 만드는 유전자를 얻었다.

인간, 새, 물고기는 얼핏 보면 전혀 다른 생물 같지만, 같은 유전자를 사용해 몸을 만든다. 어떻게 이와 같은 특정한 유전자가 무수한 유전자들이 변해가는 동안에도 굳건히 보존될 수 있었을까? 그건 아마 이들이 그만큼 중요하기 때문일 것이다. 발달 과정의 초기에 작용하는 유전자에 손을 대는 것은 나중에 작동하는 유전자에 손대는 것보다 훨씬 위험하다. 다 지어진 집에 발코니를 증축하는 것과 건물 주벽을 부수는 것의 차이에 비교할 수 있다. 이 중요한 유전자에 결함이 있는 배아는 완전히 발달하지 못하므로 그 변형된 유전자를 자식에게 물려줄 기회조차 없을 것이다. 그러니까 세부사항을 다듬고 거기에 새로운 특징을 조금씩 덧붙이는 편이 더 쉽다. 인간이 되는 길은 이처럼 조금 험난한 과정이다.

# 뼈대, 그리고 팔과 다리

어쨌거나 여전히 나는 바다에서 건져온 유산을 계속 지니고 있겠지만, 자궁에서 자라는 '나'라는 생명체는 곧 인간임이 분명해질 것이다. 수정 후 6주째가 되면 배아는 약 1센티미터가 된다. 목을 따라 생겼던 주름이 합쳐져 얼굴이 되었고, 눈은 두 개의 짙은 점처럼 보인다. 빨간 심장이 부풀어오르는 가슴에 머리를 기대고 있다. 여전히 긴 꼬리를 달고 있지만 더 자라지 않고 곧 사라질 것이다. 얇고 투명한 피부층 아래로 뇌관brain tube과 혈관이 보인다. 상체 양쪽과 꼬리 아래쪽으로 팔과 다리가 될 작은 싹이 자란다. 이 싹이 닭에서는 날개가 되고 하마에서는 굵직한 다리로 변한다. 시작은 모두 같다. 심지어 고래의 배아에도 비슷하게 생긴 싹이 자란다. 고래의 싹은 팔이나 다리가 되지 않겠지만 말이다.

사실 고래는 바다로 되돌아가기 전에 네 발로 지구를 걸었던 첫 번째 포유동물에서 유래했다. 고래의 가장 가까운 친척은 하마다. 처음엔 고래도 다른 포유류와 똑같은 설계도를 따랐지만, 결국엔 이 작은 싹 중에서 남은 것이라곤 작은 뼈로 된 몇 개의 돌기뿐이다. 내 꼬리 역시 같은 운명을 맞아 차츰 줄어들어 마침내 꼬리뼈만 남을 것이다. 그러나 고래와 달리 우리에겐 팔과 다리가 반드시 필요하므로 이 싹은 밖으로 자라 작은 주걱처럼 보이게 될 것이다.

여기에서부터 세포는 골격의 첫 번째 초안을 작업하기 시작한다. 그것은 세포를 구성하는 고체 물질인 연골과 단백질 섬유, 그리고 충격을 흡수하는 젤리로 만들어진다. 첫째로 세포는 위팔뼈의 전신前身을 짓는다. 팔이 자라면서 세포가 팔뚝으로 이동해 제일 끝에 손가락을 만든다. 다리도 안쪽에서 바깥쪽으로 같은 방식으로 형성된다. 세포가 적합한 뼈를 제자리에 맞춰 만들어내려면 자신들이 어디에 위치하고 있는지 알고 있어야 한다. 이 정보는 다양한 농도와 조합으로 전달되는 화학 신호로 결정된다.

그 한 예가 '소닉 헤지호그Sonic hedgehog'라는 단백질이다. '소닉 더 헤지호그'라는 비디오 게임을 해본 적이 있다면 아마 친숙하게 들릴 것이다. 어떻게 고슴도치의 이름을 따서 단백질 이름을 지었는지 궁금하다면, 초파리가 다시한 번 그 답을 줄 것이다. 유전학자들은 어떤 유전자가 하는일을 알아내기 위해 종종 그 유전자가 작동을 멈추었을 때어떤 변화가 일어나는지를 연구한다. 그래서 해당 유전자가파괴되었을 때 일어나는 현상을 따서 새로 발견한 유전자의이름을 짓는 관례가 있다. 1980년대 초반, 초파리를 연구한유전학자들은 어떤 특정 유전자가 파괴되었을 때 초파리 배아가 작고 뾰족한 돌기로 뒤덮이는 것을 발견했다. 이 형상이 작은 고슴도치를 떠올리게 해 '헤지호그(고슴도치)' 유전자라고 불렀다. 연구자들은 인간에게서 이 유전자에서 파생된 세 가지 변형체를 발견했다. 그중 두 개는 실재하는 두고슴도치 종의 이름을 따서 '인디언 헤지호그Indian hedge-hog'와 '사막 헤지호그Desert hedgehog'라고 지었고, 마지막은 인기 있는 게임 캐릭터인 '소닉 헤지호그'라고 불렀다.

재미있는 유전자 이름은 고슴도치 유전자 말고도 더 있

다. '켄과 바비ken and barbie' 유전자를 예로 들어보자. 이 유전자에 돌연변이가 생긴 초파리는 외부 생식기가 없다. 유전자의 이름을 빌린 인형처럼 말이다. 또 다른 예는 '스위스 치즈Swiss cheese'다. 만약 어느 불운한 초파리에서 이 유전자가 망가진다면, 이 초파리의 뇌는 스위스 치즈처럼 구멍이 숭숭 뚫려 있을 것이다.

세포는 우리 몸을 건축하면서 여기저기에서 소닉 헤지호그 유전자를 사용한다. 몇 가지 예만 들어보아도 창자, 허파, 뇌, 그리고 손 등이 있다. 같은 메시지가 이렇게 여러 곳에서 재사용되는 이유는 세포마다 메시지를 다르게 해석하기 때문이다. 세포가 메시지에 반응하는 방식은 과거의 경험, 메시지의 크기, 메시지를 받은 시기에 따라 달라진다. 이론적으로는 사람의 대화와 크게 다르지 않다. 같은 문장이라도 상황에 따라 완전히 다른 방식으로 해석할 수 있는 것처럼. 어느 날 아침, 연구실에서 한 동료가 다가와 함께 실험을 해보자고 한다면 나는 평범하게 호의적인 반응을 보일 것이다. 하지만 어느 밤거리에서 처음보는 추레한 남성이 다가와 같은 말을 한다면, 나는 훨씬 회의적으로 받아들일 것이다. 그리고 만약 누군가가 내게 끊임없이 "같.이. 실.험.이.나.

할.까.요?"라고 소리를 지른다면, 그건 어느 아침 시간 연구실이라고 해도 도를 지나친 것이다.

그렇다면 배아의 작은 주걱 모양의 돌출 부위에 있는 세포들은 소닉 헤지호그에 어떻게 반응할까? 소닉 헤지호그 단백질의 메시지는 나중에 새끼손가락이 될 장소에서 생성된 뒤, 커피에 떨어뜨린 우유처럼 주변 세포로 퍼진다. 생성지에서 가까이, 소닉 헤지호그 단백질이 대량으로 존재하는 지점 주위의 세포들은 자신이 새끼손가락을 만들어야 한다는 걸 잘 알고 있다. 반면에 소닉 헤지호그 단백질이 많지 않은 곳에서는 약지, 중지, 검지를 만들고, 생성지에서 가장 멀리 떨어져 있어 이 단백질 메시지를 거의 받지 못하는 세포들은 엄지손가락을 만든다. 이런 식으로 같은 형태의 메시지라도 신호의 크기에 따라 동시에 여러 운명을 결정한다.

갓 만들어진 손가락에는 물갈퀴가 달려 있지만, 8주째가 되면 모두 떨어져나간다. 이런 변형은 정교하게 계획된 대량 세포 자살을 통해 일어난다. 이 과정은 미래의 손가락 세포가 죽음의 신호를 보내면서 시작된다. 신호를 받은 이웃들은 이내 단백질을 분해해 평소대로라면 기를 쓰고 보호했을 DNA 가닥을 가위 단백질로 조각조각 잘라낸다.

모든 것이 파괴되고 남은 것은 잔해가 담긴 쭈그러진 주머니뿐이다. 청소 세포들은 돌아다니며 쓰레기를 치운다. 그렇게 손가락 사이의 공간이 깨끗해지고 세포가 하나씩 죽어가면서 주걱은 점차 살아 있는 손이 된다.

수정 후 7주가 끝날 무렵, 발가락이 나타나기 시작한다. 긴 꼬리는 거의 사라졌고, 얼굴의 주름도 매끄럽게 펴졌다. 짧고 납작한 코, 작은 귀 두 개가 자랐고, 짧은 팔과 다리에는 뾰족한 팔꿈치와 무릎이 튀어나왔다. 골격은 여전히 연골로 된 초기 원형 상태로, 3개월이 되어야 세포가 적합한 뼈 조직으로 대체하기 시작할 것이다. 그리고 이 일은 시간이 오래 걸리는 과정이다. 태어날 무렵에도 뼈는 여전히 부드러워서 아기가 몸을 죄어 좁은 산도를 비집고 나갈 수 있다. 무릎뼈는 세 살이 될 때까지 연골 상태이고 전체 골격은 20대가 될 때까지 계속 발달한다.

연골이 뼈 조직으로 변하기 시작하면서, 나중에 뼈의 중심이 될 세포가 거대하게 부풀어오르기 시작한다. 이들은 곧 죽어 없어지고, 대신 골수로 채워질 빈 공간을 남긴다. 현재 임시로 혈액을 생산 중인 간과 비장은 비로소 안도의 한숨을 쉰다. 태어날 때가 다가오면 새로 생긴 골수가 업무를 넘겨받아 살아 있는 한 계속 일할 것이다. 그런데 골수가 하는 일도 결코 만만치 않다. 만일 출혈이 시작되면 골수의 줄기세포는 혈소판이 되어 상처를 아물게 한다. 만약 감염이 일어나면, 골수는 신선한 백혈구 부대를 보내 세균을 삼키거나 박멸시킬 것이다. 그리고 산소 공급이 부족하면 곧바로 적혈구가 출동한다. 또한 골수는 완전히 탈진한 혈액세포를 대체한다. 매초 약 200만 개의 적혈구가 작별을 고하기 때문에 이들의 업무를 인계 받으려면 그만큼 새로운 세포가 필요하다.

골수공간(뼈속질공간)이 형성된 후, 주변 세포들은 뼈세포로 변하기 시작한다. 이 세포는 주변의 젤리를 단단한 광물성 물질로 변환한다. 칼슘과 인산염 결정은 단백질 섬유에 달라붙어 강하면서도 탄력 있는 물질을 만들어내는데, 이는 뼈가 부러지지 않으면서 충격을 흡수하는 데 완벽하다. 영양분이 더 이상 흘러 들어오지 못하기 때문에 얇은 덩굴손이 작은 관을 통해 뼈세포에서 뻗어 나와 혈관에 연결된다. 덕분에 이 세포들은 생명이 없는 광물 사이에 감춰져 있어도 계속 먹고 숨쉴 수 있다. 우리가 살아 있는 한, 뼈도 살아 있다. 뼈세포는 매일 조정되고 교체된다. 대략 10년마다 몸의 뼈 전체가 교체된다. 어떤 뼈세포는 새로운 뼈를 만드는 반면, 오래된 뼈세포를 먹어치우는 뼈세포도 있다. 끼니를 소화한 후 이 뼈세포는 칼슘을 혈류로 방출한다. 대개 뼈를 만드는 세포와 처리하는 세포가 비슷한 속도로 작업하기 때문에 실제로 뼈의 질량에는 큰 변화가 없다. 하지만 이 공식이 잘 맞아떨어지지 않을 때도 있다. 이는 미국항공우주국 NASA에게는 익숙한 사실이다.

우주에서 며칠만 머물러도 우주비행사의 뼈 질량은 감소하기 시작한다. 한편 혈액 내 칼슘 수치가 증가해 신장결석의 위험은 증가한다. 이런 변화는 아마도 뼈가 특정한 방식에 적응되었기 때문일 것이다. 무중력 상태에서 우주비행사의 신체는 아무런 압력도 받지 않는다. 그래서 신체는 뼈를 만드는 세포의 생산을 늦춘다. 긍정적으로 해석하자면 뼈는 기압이 약한 세상에서 살아야 하는 새로운 삶에 적응하는 것이다. 하지만 우주비행사가 평생 우주에서 떠다니지는 않을 거라는 걸 몸이 어찌 알겠는가? 반면 뼈를 먹고 사는 세포는 평소와 다름없이 뼈를 처리하고 다닌다. 그 바람에 뼈에 구멍이 생기고 골절되기 쉽다. 연구자들은 오랜 기간 병상에 누워 지낸 사람의 골격에서 비슷한 현상을 관찰해왔다. 하지만 운동은 반대 효과를 준다. 뼈에 가해지는 긴장감이 뼈를 더 강하고 단단하게 만든다.

몸에서 일어나는 여러 과정이 칼슘에 의존한다. 뼈는 칼슘 저장 창고다. 심장이나 신경이 칼슘을 달라고 외치면, 뼈는 재빨리 자신을 희생해 칼슘을 제공한다. 그러므로 칼슘이 부족한 사람은 우주비행사와 비슷한 증상을 보일 것이다. 어쨌거나 칼슘이 부족해 심장이 멈추는 것보다 뼈에 구멍이 숭숭 뚫리는 편이 나으니까 말이다. 뼈를 처리하는 세포들이 열심히 뼈세포를 먹고 칼슘을 혈액으로 보내면 필요한 곳 어디나 전달된다.

한동안은 연골만으로도 잘 지낼 수 있다. 나는 우주 공간에 머무는 우주비행사처럼 반투명의 태막 뒤에 있는 자궁에서 자유롭게 떠다닌다. 8주 후에는 새로 생긴 팔다리가 미세한 반사운동을 시작한다. 손톱과 발톱이 형태를 갖추기 시작하고, 날씬한 몸에는 갈비뼈가 두드러져 보인다. 여전히 얇고 투명한 피부 아래로 뼈와 혈관이 뚜렷이 보인다. 이번 주가 지나면 더는 배아가 아니라 태아라고 불러야 한다. 모든 신체 기관이 기본적인 형태는 갖추었지만 세상에 나가기까지 해야 할 일은 아직도 많다.

3개월
9주

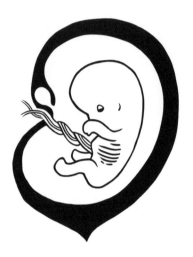

5센티미터
딸기 크기

# 나는 남자일까 여자일까?

3개월째에 들어서면 나는 딸기 크기로 자란다. 코는 넓고 무디고 눈은 서로 멀리 떨어져 있다. 높이 솟은 이마와 큰 머리를 보면 공중부양 중인 외계인처럼 보이지만 앞으로 몇 주 동안 좀 더 인간다운 특징을 얻을 것이다. 검은 눈은 얇은 눈꺼풀로 덮이고 고개 숙인 머리는 좀 더 똑바로 서며 턱은 자라고 목은 뚜렷해질 것이다.

이제 비로소 내가 남자인지 여자인지 알 수 있다. 처음 몇 주 동안에는 성별의 차이가 없다. 남자에게 젖꼭지가 있는 이유는 필요하기 때문이 아니라 성별의 차이가 명확해지기 전에 만들어졌기 때문이다. 심지어 내부 생식기도 동일한 기본 구조로부터 만들어진다. 성별에 상관없이 복부에 각각 작은 관으로 연결된 두 개의 주머니가 생긴다. 그 후 7주에 걸쳐 변형이 진행되면서 유전자가 앞으로 일어날 일을 결정한다. 마지막 23번 염색체 쌍에 Y 염색체가 있다면 이 주머니는 고환이 된다. Y 염색체 대신 두 개의 X 염색체를 갖는다면 난소가 될 것이다.

Y 염색체 자체는 작고 볼품없다. Y 염색체에 포함된 유전자 수는 예외적으로 적은 50~60개에 불과하다. 남성과 여성에게 모두 있는 X 염색체가 800~900개의 유전자를 갖는 것과 비교해보라. 초기 발달단계에서 여성으로 운명이 결정된 배아는 X 염색체 두 개 중 하나를 영원히 꺼버린다. 세포가 X 염색체에 의해 결정되는 단백질을 두 배 용량으로 만드는 것을 막기 위해서다. 세포가 이용할 수 있는 조리법의 복사본이 많을수록 더 많은 요리사가 참여하고 최종 결과물의 양도 더 늘어나기 때문이다. 여성에서 X 염색체 하나를 영원히 폐쇄할 무렵 이미 배아는 여러 세포로 구성된 상태다. 그런데 세포마다 둘 중에 어떤 X 염색체를 잠재울지는 완전히 무작위로 결정된다. 다시 말해, 어떤 세포는 엄마에

게서 물려받은 X 염색체를 사용하고, 또 어떤 세포는 아빠에게서 물려받은 X 염색체를 사용한다는 뜻이다. 그렇기 때문에 유전적인 측면에서 모든 여성의 몸은 조각조각 이어붙인 보자기나 다름없다. 이 효과는 고양이에서 특히 눈에 띈다. 고양이의 털 색깔에 영향을 미치는 유전자가 X 염색체 위에 있기 때문이다. 그래서 고양이 암컷은 각기 다른 색과 패턴으로 구성된 얼룩덜룩한 털을 갖기도 한다. 어떤 세포는 아빠에게서 물려받은 색소 제조법을 사용하고, 또 다른 세포는 엄마의 방식에 따라 색소를 만든다.

Y 염색체 위에서 성을 결정하는 데 중요한 역할을 하는 SRY라는 유전자가 있다. 이 유전자가 없으면 세포는 자동적으로 난소를 형성한다. SRY 유전자에 의해 제조되는 단백질은 그 자체로 다양한 기능을 갖고 있지 않지만, 다른 염색체상에 흩어져 있는 여러 다양한 유전자의 스위치 역할을 한다. 이 유전자들이 힘을 합쳐 만든 고환은 곧 아기의 작은 몸에 호르몬을 보내기 시작한다. 고환이 내보내는 첫 번째 호르몬은 고환에 연결된 도관導管 중 하나를 재구성한다. 여성은 이 도관이 변형되지 않고 남아 있다가 나중에 난소와 자궁이 된다. 고환에서 나오는 두 번째 도관은 그 상태로 있

다가 정관精管으로 사용될 것이다. 얼마 지나지 않아 고환의 세포는 테스토스테론을 대량 생산하기 시작하는데, 마치 이렇게 명령을 내리는 것 같다. "남자가 되어라!" 이 메시지가 온몸에 퍼지면 곧 성별의 차이가 두드러진다.

연구자들은 토끼의 배아로 실험했다. 초기 단계의 토끼 배아에서 생식샘을 제거했더니 Y 염색체를 가진 배아라도 암컷으로 발달했다. 토끼든 사람이든 고환 외부의 세포들은 Y 염색체 소유 여부를 이중으로 확인하지 않는다. 몸의 나머지 부분에 '이 배아는 남자'라는 정보를 전달하는 것은 모두 고환에 달렸다. 몸의 다른 세포들이 고환의 메시지를 듣지 못하면 여성의 몸을 만들 것이다.

이런 식의 시스템에서 착오가 생기는 것도 당연하다. 고환이 내지르는 테스토스테론의 비명을 세포가 전혀 듣지 못한다면 어떻게 될까? 모든 세포의 표면에는 수용체가 있는데 여기서 호르몬의 메시지를 받아 세포 내부로 전달한다. 그러나 테스토스테론 수용체가 작동하지 않는다면, 고환은 전달되지도 못할 테스토스테론을 생산하는 셈이 된다. 그리고 어쨌거나 메시지를 전달받지 못한 세포는 몸에 여성의 특징을 만들 것이다. 이러한 유전 질환을 가진 남성도 겉으로는 평범한 여성처럼 보일 것이다. 외부 생식기의 운명은 테스토스테론이 보내는 신호와 그 신호의 전달 여부에 따라 결정되기 때문이다. 하지만 내부에는 고환의 작용을 하는 분비 기관이 있고, 이 기관의 명령으로 난소와 자궁을 형성하는 관이 파괴되었기 때문에 난소와 자궁은 없을 것이다. 다시 말해 성별의 발달은 Y 염색체의 존재 유무를 넘어서는 훨씬 복잡한 과정이다.

염색체가 모든 동물의 성별을 결정하는 것은 아니다. 악어는 온도가 관건이다. 악어의 알이 산란 후 첫 3주 동안 섭씨 30도 이하의 온도에 노출되면 암컷이 된다. 34도보다 따뜻하게 유지되면 알 속에는 수컷 악어가 자란다. 보넬리아 비리디스*Bonellia viridis*라는 특이한 해양 환형동물은 아주 기이한 방식으로 성별을 결정한다. 이 벌레는 무성의 작은 유충으로 삶을 시작해 한동안 바닷속을 떠다니다가 결국은 해저로 가라앉는데, 이때 정확히 어디에 착륙하는지가 절대적으로 중요하다. 유충이 아무도 살지 않는 지역으로 가라앉으면 길이 약 10센티미터의 암컷이 된다. 암컷 보넬리아 비리디스의 생김새를 묘사하기는 어렵다. 몸통은 작은 오이피클 같고 꼬리는 해초처럼 생긴 외계 생물을 상상하는 게 좋겠다. 이 생물은 남은 생을 바다 밑에 머물며 작은 동식물의 잔해를 먹고 산다. 반면 다른 암컷 보넬리아 비리디스의 표면에 착륙한 유충에게는 완전히 다른 운명이 펼쳐진다. 이 유충은 1~3밀리미터 길이의 작은 수컷으로 변태하고 암컷의 몸속으로 기어들어가 남은 생을 자신이 몸담은 암컷의 전담 정자 제공자로 보낸다. 그 대가로 암컷은 이 침입자에게 자신이 잡은 먹이의 일부를 나누어준다. 자연에서 발견되는 모든 남녀관계 중에 이보다 친밀한 것도 없을 것이다.

환경이 변하면 살다가도 성별을 바꾸는 동물이 있다. 카리브해 산호초에 살고 있는 물고기인 블루헤드놀래기*Thalassoma bifasciatum*를 예로 들어보자. 이 물고기가 다른 수컷이 점령한 산호초로 이주하게 되면, 그 수컷의 자리를 빼앗기보다 암컷으로 성전환한 다음, 다른 암컷들과 함께 작은 산호 군집 안에서 행복하게 살아간다. 그러다 모두의 '남편'이 죽으면 암컷 물고기 중 하나, 대개는 가장 큰 놈이 곧바로 수컷으로 변해 그 자리를 채운다. 이 암컷의 난소가 쪼그라들고 정소로 대체되어 산호 군집의 미래를 보장하는 수컷으로 변신하기까지 단 하루면 족하다.

Y 염색체를 지닌 태아에서 정상적인 신호의 교신이 이루

어지면 음경이 발달한다. 음경은 작은 돌기가 커지면서 만들어지는데—딸의 경우는 음핵이 된다—수정 후 약 3개월이 지나면 이 돌기는 태아의 성별을 겉에서 확인할 수 있을 정도로 크게 자란다. 그러나 고환(정소)은 태아가 7개월이 될 때까지 몸속에 머무른다. 고환이 음낭에 닿을 때까지 천천히 창자 쪽으로 끌어내려야 하기 때문이다. 조금은 성가신 이 과정에 대해서는 원시 바다에 살던 우리의 조상을 탓해도 좋다. 실제로 물고기는 평생 정소를 심장 바로 옆에 두고 지내는데, 물고기에게는 아무 문제 없지만 인간에게는 별로 좋을 게 없다. 정자는 높은 온도에서는 잘 살지 못한다. 냉혈동물이고 주위 환경에 따라 체온이 변하는 물고기는 정소가 몸속 깊이 박혀 있어도 문제가 되지 않지만 인간은 고환을 몸 바깥에 두어 정자를 위한 최적의 조건을 만든다. 정자가 들어 있는 작은 주머니는 외부 기온에 따라 수축하고 팽창함으로써 정자가 제일 좋아하는 온도를 유지한다.

# 노폐물 배설과 수분 조절

지금쯤 내 세포들은 자궁에서 나름대로 바쁜 시간을 보내고 있겠지만 태어난 후에 주어질 일들에 비하면 휴가나 다름없다. 우선 태아는 바깥의 열과 추위를 염려하지 않아도 된다. 엄마가 언제나 섭씨 37도의 편안한 온도로 유지해주기 때문이다. 따뜻하고 영양 만점인 혈액으로 가득한 태반 덕분에 공기나 음식이 충분한지 걱정할 필요도 없다. 그러나 시간이 지나면서 세포들은 많은 새로운 도전에 직면할 것이다. 그때가 되면, 지금처럼 한가할 때 콩팥(신장) 한 쌍 구비해놓은 것에 감사할 것이다. 콩팥과 요도는 생식기와 같은 시기에 중배엽에서 만들어진다. 다른 많은 신체 기관처럼 콩팥과 요도 역시 훌륭하고 복잡한 방식으로 형성된다. 또한 콩팥은 우리가 바다에 살았던 먼 과거에 아직까지도 얼마나 매여 있는지 보여주는 가장 분명한 예 중의 하나다. 세포는 변덕 스럽게도 뭔가를 만들었다가 고쳤다가 또 마음을 바꾸어 다 시 없애는 일을 반복한다. 일례로 지금 우리 몸에서 일하는 콩팥이 완성되기까지 무려 세 번의 시행착오를 거친다.

그렇다면 앞서 만들어졌던 콩팥은 어떻게 되었을까? 최 초의 콩팥은 수정 후 3주째에 목 바로 옆에 형성되는 작은 관의 집합이다. 안타깝게도 이 원시 콩팥은 전혀 쓸모가 없 어 재빨리 자취를 감춘다. 동시에 새로운 한 쌍의 콩팥이 등 아래쪽에 나타난다. 이 소시지 모양의 콩팥은 물고기와 양 서류에서 관찰되는 것과 매우 비슷하다. 이 두 번째 콩팥은 자궁에 있는 동안 잠시 사용되다가 여성의 몸에서는 완전히 사라지지만, 남성의 몸에는 세포 일부가 남아 생식기의 한 부분이 된다. 마침내 수정 후 5주째가 되면 세포는 진짜 콩 팥을 만들기 시작한다. 그러나 그 과정도 마냥 쉽지만은 않 다. 맨 처음 자리를 잘못 잡는 바람에 바로 정착하지 못하고 잠시 몸속을 헤매야 한다. 처음에 콩팥은 골반 쪽으로 내려가 방광에 들러붙었다가 나중에 돌아서 위쪽으로 올라와 마침내 종착지에 도착한다. 콩팥은 제일 아래쪽 갈비뼈와 같은 높이에서 척추의 양쪽에 자리잡는다.

완성된 콩팥은 적갈색이고 콩 모양이며 크기는 주먹만 하다. 콩팥의 일상적인 업무는 혈액을 받아 깨끗이 걸러낸 다음 깨끗한 혈액을 다시 넘겨주는 것으로, 이 일을 하루에 399번쯤 반복한다. 콩팥은 혈관 다발에 연결된 수많은 작은 통로로 구성되어 있다. 혈액에서 추출한 체액이 이 통로를 통과하는 동안 콩팥은 노폐물을 걸러내고 나머지를 도로 혈액으로 내보낸다. 식사를 준비할 때 감자 껍질이나 식자재 포장지처럼 버려야 할 쓰레기가 쌓이듯, 세포가 일할 때에도 처리해야 할 쓰레기가 발생한다. 예를 들면 암모니아는 단백질을 분해할 때 생성되는데, 몸에 쌓이면 매우 유독하므로 제거해야 한다. 물고기 역시 암모니아를 제거해야 하지만 생성되는 족족 곧장 물로 방출하면 되므로 처리가 쉽다. 그러나 육지 동물은 걸어다니며 수시로 소변을 보기가 여의치 않다. 또한 마실 물을 구할 수 있는 기회가 제한적이므로 최대한 체내의 수분을 보존하는 편이 더 낫다. 대신 육지 동물의 간은 암모니아를 요소로 빠르게 전환한다. 우리 몸은 암모니아보다 높은 농도의 요소를 견딜 수 있기 때문이다. 그런 다음, 콩팥은 요소를 분리하여 오줌관을 통해 방광으로 내보내고, 방광에서 저장하고 있다가 때가 되면 소변을 통해 제거한다.

우리가 무엇을 하든 콩팥은 몸의 내부 환경을 놀랄 만큼 안정적으로 유지하는 데 일조한다. 콩팥은 체내 수분과 염분의 양을 늘 세심하게 감시한다. 염분의 농도가 균형을 벗어나면 몸에 큰일이 생길 수 있기 때문이다. 염분 없이는 심장이 뛰지 못한다. 심장근육이 수축할 때 염분이 필요하기 때문이다. 체내에 염분이 없으면 생각하지도 느끼지도 못한다. 신경세포가 전기신호를 보낼 때 염분을 사용하기 때문이다. 간단히 말해 소금이 없으면 우리는 죽은 목숨이나 마찬가지다. 혈액, 세포 내부, 그리고 세포를 둘러싼 체액에는 모두 소금기가 있다. 약국에서 코 세척용으로 구입하는 소금물 스프레이에는 세포를 둘러싼 체액과 가까운 0.9퍼센트의 소금이 들어 있다.

염분이 너무 낮은 용액에 세포를 넣으면 지나치게 팽창한 나머지 물풍선처럼 터질 위험이 있다. 자연은 차이를 없애고 균일하게 만드는 것을 유난히 좋아한다. 그래서 세포 내부의 염분이 바깥보다 높은 상태를 받아들이지 못한다. 그럴 경우 세포는 내부의 염분을 희석하기 위해 수분을 흡수한다. 반면, 세포를 짠 용액에 넣으면 반대 현상이 일어난다. 세포 안에 있는 물이 밖으로 나온다. 불쌍한 세포는 원하든 원하지 않든, 주위에 물을 기부해야 하고 결국 축 늘어진 건포도처럼 쪼그라들게 된다. 세균의 세포는 대량의 염분을 다루는 데 익숙지 않다. 바로 소금에 절인 음식이 오래가는 이유이다. 우리가 1조 개의 건포도 세포가 아닌 것은 다 콩팥 덕분이다.

어쨌든 현재로서는 태반과 연결되어 있는 한 긴장을 풀어도 좋다. 모든 노폐물을 엄마의 혈액에 보내기만 하면 엄마의 콩팥이 나를 대신해서 일해줄 테니까. 동시에 내 콩팥은 평화롭고 조용한 가운데 미래의 작업을 위한 리허설을 시작할 수 있다. 9주째가 되면 이미 콩팥에서 요소를 생성하기 시작한다. 그 다음 주가 되면 소량의 양수를 들이마시고 소변으로 내보내기 시작해 태어날 때까지 계속할 것이다. 그 말은 여러 달 동안 내가 소변으로 목욕을 하고 그것도 모자라 이 오염된 풀장의 물을 마시며 지냈다는 뜻이다. 약간 역겹게 들릴지도 모르겠다. 그렇다면 도대체 어떤 이점이 있길래 이러는 걸까?

양수를 마시고 소변으로 내보내는 일은 생각보다 많은 도움이 된다. 이 일은 매우 중요하고도 기발하며, 생각만큼 역겹지도 않다. 엄마는 뱃속의 수중 저택을 주기적으로 청소한다. 태반과 태아를 분리하는 벽은 분자들이 빠져나갈 수 있는 작은 구멍이 잔뜩 난 체와 같다. 노폐물은 양수에서 걸러져 엄마의 혈액으로 들어간다. 그래서 세 시간마다 풀장물 전체가 여과된다. 양수를 마시고 소변으로 내보내는 일은 콩팥을 훈련하는 훌륭한 방법일 뿐 아니라 세상에 태어나서 제일 먼저 하게 될 아주 중요한 일을 준비하는 과정이기도 하다. 젖을 빠는 일 말이다. 앞으로 몇 주에 걸쳐 입 주위의 빠는 근육이 발달하고 볼은 더 통통해진다. 동시에 장은 양수에서 영양분을 흡수하느라 바쁘다. 어린 나는 이렇게 바깥세상에서의 삶을 천천히 준비 중이다.

4개월
13주

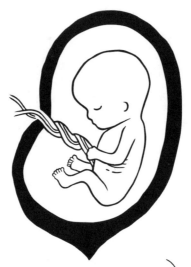

9센티미터
아보카도 크기

# 안에서 방랑하는 뇌

수정 후 4개월 차에 이를 무렵 나는 아보카도 정도의 크기가 된다. 이제 머리는 곧게 서고 목구멍과 목이 좀 더 뚜렷하며 얇은 피부 아래로 붉은 혈관의 그물망이 흐른다.

나는 이제 활동적인 작은 생명체로 자랐다. 구르고 꿈틀거리고 발로 찬다. 때로는 팔을 뻗거나 엄지손가락을 빨기도 한다. 우연의 일치는 아니겠지만 대부분 사람들은 오른쪽 엄지를 선호하고 왼손잡이들은 보통 태어나기 전부터 이미 왼쪽 엄지를 빤다.

뼈대는 여전히 물렁거리는 젤리 같지만, 이 달을 거치며 부드러운 연골이 점점 더 단단한 뼈로 변할 것이다. 그 사이 몸은 빠르게 자라면서 팔다리가 일반적인 비율에 가까워진다. 그런데도 머리는 여전히 비정상적으로 크다. 그리고 그 안에서 모든 신체 부위 중 가장 복잡한 기관이 계속 만들어지고 있다. 바로 두뇌다.

뇌가 뇌관의 끝에서 세 개의 작은 주머니로 시작한 이후 많은 일이 일어났다. 이 주머니는 크기가 커지고 구부러지고 나누어지면서 다양한 뇌 구조를 형성한다. 가장 뒤쪽에 있는 주머니는 소뇌가 된다. 소뇌는 무엇보다 운동 조절에 중요하다. 이 주머니는 가장 중심에 있는 주머니와 더불어 뇌줄기(뇌간)를 만든다. 뇌줄기는 호흡, 심장박동, 수면, 그 밖의 기본적인 신체 기능을 조절한다. 가장 앞쪽에 있는 주머니는 두 개의 반구로 나뉜 뒤, 빠르게 자라면서 뇌의 다른 부분으로 퍼져나가 대부분을 가린다. 이 주머니의 제일 바깥쪽에는 가장 고등한 뇌 기능을 담당하는 대뇌겉질(대뇌피질)이 발달한다. 인간의 대뇌겉질은 다른 동물에 비해 유난히 크다. 그 덕분에 우리는 계산이나 철학적 사고를 하고 책도 쓰고 읽을 수 있다. 대뇌겉질의 크기가 지나치게 커지면 두개골에 들어맞도록 구부러지는데 태아의 발달이 끝날 무렵에야 이 단계에 도달한다. 4개월 된 태아의 대뇌겉질은 생쥐의 뇌처럼 매끈하고 평평하다.

이 시점에 뇌에서는 1분에 약 20만 개의 새로운 신경세포가 생겨난다. 뇌의 깊숙한 곳에서 줄기세포가 끊임없이 분열 중이다. 분열이 끝날 때마다 세포 중 하나는 그 자리에 남고 나머지는 새로운 터전을 찾아 길을 떠난다. 학교를 졸업하고 훌쩍 배낭여행을 떠나는 사람처럼 신경세포에게 이 여행은 자아를 찾아가는 길이다. "나는 어떤 신경세포가 될까? 시각신경의 업무를 맡게 될까? 아니면 운동? 냄새?" 신경세포는 길에서 만나는 다른 세포로부터 신호를 받는다. 이 신호는 적절한 유전자를 켜고 끄는 일을 돕는다.

나중에 형성된 신경세포일수록 여행도 길어진다. 뇌는 안쪽에서부터 바깥쪽으로 한 겹씩 형성되는데, 이는 뇌의 가장 깊숙한 곳에 있는 가장 원시적인 부분이 제일 먼저 형성된다는 뜻이기도 하다. 그 결과, 그리고 뇌가 점점 커짐에 따라 새로 만들어진 신경세포의 여정은 점차 길어지고 혼자서 수행하기도 어려워진다. 그래서 이 과정을 도와줄 새로운 종류의 세포가 등장한다. 바로 아교세포glial cell다.

신경세포와 달리 아교세포는 전기신호를 전달하지 않는

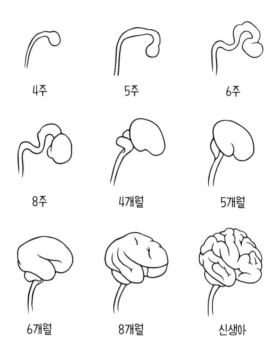

4주　　　　5주　　　　6주

8주　　　　4개월　　　　5개월

6개월　　　　8개월　　　　신생아

다. 과학자들은 오랫동안 아교세포가 뇌 속의 물질을 붙잡아 제자리에 고정하는 단순한 연결 조직이라고 믿었다. 아교세포를 뜻하는 'glial cell'의 'glia'는 그리스어로 '접착제'라는 뜻이다. 그러나 나중에 밝혀진 것처럼 아교세포는 단순한 접착제 이상의 역할을 하는, 신경계에 꼭 필요한 구성원이다. 실제로 뇌에는 신경세포보다 아교세포의 수가 더 많다. 아교세포 중 일부는 일종의 면역계로 작용해 뇌세포 사이를 기어다니며 상처를 입거나 공격받은 구역으로 들어간다. 필요에 따라 파괴된 세포를 먹어치우기도 한다. 어떤 아교세포는 별 모양이고 혈관까지 이어지는 긴 덩굴손이 자란다. 이 아교세포는 열심히 일하는 신경세포들을 돌보고 먹이는 일을 한다. 또한 아교세포는 뇌를 항상 깨끗하게 유지한다. 좁은 물관을 통해 여분의 수분을 퍼내고, 신경세포의 작업 도중에 쌓인 노폐물을 씻어낸다. 이런 물청소는 우리가 자는 동안 본격적으로 이루어진다. 과학자들은 이러한 펌프 시스템이 잠자는 생쥐의 뇌에서 10배나 더 활발하다는 것과 일부 세포는 체액이 잘 흐를 수 있도록 밤에는 크기가 줄어든다는 것을 관찰했다. 다시 말해 아교세포 덕분에 우리가 매일 아침, 깨끗하게 청소된 신선한 뇌로 하루를 산뜻하게 시작할 수 있는 것이다.

초기에는 새로 태어난 신경세포가 점점 팽창하는 뇌 사이를 뚫고 지나가도록 돕는 특별한 형태의 아교세포가 있다. 이 아교세포는 뇌의 여러 막 사이로 긴 덩굴손을 뻗어 마치 건설 현장의 승강 장치처럼 움직인다. 여러 세대에 걸쳐 신경세포가 아교세포에 달라붙어 목표 지점을 향해 풀잎 위를 기어오르는 작은 달팽이처럼 자신을 끌어올린다. 마침내 신경세포는 새집에 도착한다. 그러나 신경세포의 진정한 도전은 이제부터다.

새로운 터전에 도착한 신경세포는 신참 대부분이 으레 하는 일을 해야 한다. 연결망을 구축하는 것. 신경세포가 살아 숨쉬는 목적이 딱 하나 있다면 그건 바로 '대화'이기 때문이다. 두뇌는 신나는 수다에 깊이 빠진 신경세포로 가득차 있다. 동시에 천 개의 세포와 대화를 시도하는 신경세포도 있고, 피부나 콧속 깊숙이 들어앉아 우리가 감지하는 모든 감각 메시지를 전달하는 세포도 있다. 더 나아가 척수에도 신경세포가 그득하다. 척수의 신경세포는 뇌와 밀접하게 협력하면서 근육과 수시로 대화한다. 한번 발가락을 움직여보라. 바로 척수 덕분에 몸의 저 아래에 있는 근육이 제 할 일을 알아듣는 것이다.

신경세포는 나름의 특별한 방식으로 말한다. 전기신호를 이용하는 것이다. 호르몬 메시지는 혈액을 통해 천천히 흐르면서 딱히 받을 권한이 없는 수취인에게도 전해질 수 있다. 반면 신경 신호는 번개처럼 빠르고 매우 개인적이다. 신경세포에서는 전기선처럼 기능하는 가늘고 긴 섬유가 사방으로 자란다. 신경세포의 주요 통신 전선을 축삭axon이라고 부른다. 이 전선은 신경세포에서 나온 정보를 운반한다. 신경계의 전깃줄이 뒤엉키지 않으려면 축삭이 반드시 정확한 지점으로 연결되어야 한다. 시각중추와 일하는 신경세포는 눈에 연결되어야 하고 운동을 통제하는 신경세포는 근육과 연결되어야 한다. 예를 들어 우리가 발가락을 꼼지락거리려면 척수 맨 아래에 있는 신경세포는 발가락 끝에 있는 근육까지 축삭을 연장해야 한다. 그 말은 성인의 경우 신경 가닥이 무려 1미터 이상 되어야 한다는 뜻이다. 그렇다면 축삭은 자신의 목표 지점에 어떻게 도달할까?

다행히 축삭은 일반적인 전선과 다르다. 컴퓨터 전선과 달리 신경세포의 전깃줄은 호기심이 많고 탐구적이며 완벽하게 살아 있다. 축삭은 주변 세포의 표면에 있는 분자들의 인도를 받아 우리 몸속을 기어간다. 얇은 신경섬유는 세포를 시험하면서 앞으로 뻗어간다. "내가 여기에 연결해도 될까?" 그러고 나서 팔을 더 늘여 새로 연결할 수 있는 분자를 찾아낸다. 신경세포마다 축삭이 선호하는 세포의 표면이 다르기 때문에 혼돈의 세포 조직 속에서도 자기만의 미세한 경로를 용케 찾을 수 있다. 게다가 신경세포는 난자 주위에

버글거리는 정자처럼 목표물에서 퍼져 나오는 유도 물질에 의해 인도된다. 바로 그 끝에서 축삭의 수많은 가는 덩굴손이 부채꼴을 이루며 펼쳐진다. 이 덩굴손들은 옳은 지점으로 향하는 길의 냄새를 맡는 일종의 감지기 역할을 한다. 어떤 축삭은 눈에서 나와 뇌로 들어간다. 내 작은 발을 향해 아래로 뻗어 맨 처음 발차기 명령을 내리는 축삭도 있을 것이다.

마침내 주 전선이 수용체에 연결되면, 수용체는 자신에게 보내는 단백질 메시지를 포착한다. 메시지는 신경섬유를 통해 되돌아가 DNA가 저장된 세포의 핵심에 도달한다. 스스로 열심히 다독인 덕분에 신경세포는 자신의 미래를 보장할 유전자를 켠다. 메시지가 제때 도착하지 못하면 신경세포는 자신이 목표물에 제대로 접속하지 못했다고 가정하고, 마치 손가락 사이의 세포처럼 스스로 목숨을 끊고 쭈그러들어 축 늘어진 자루처럼 된다. 사실 우리 몸은 신경세포를 대량으로 생산하기 때문에 많은 신경세포들이 이런 불행한 운명을 맞이한다. 신경세포들도 서로 경쟁한다. 그 안에서 최선의 인맥을 형성하는 놈만 살아남을 것이다. 다시 말해 무수한 신경세포의 희생으로 우리의 뇌가 지금처럼 훌륭해졌다고 볼 수 있다.

　운이 좋아 성공한 신경세포는 아교세포와 밀접한 유대 관계를 맺을 것이다. 특별한 종류의 아교세포가 신경세포의 축삭을 둘러싼 채 말이집(수초, 미엘린)이라는 지방질 안에 감싸진다. 전기선을 감싼 절연 피복처럼 이 지방층 역시 절연체로 기능해 전기신호를 보다 효율적으로 안내한다.

　아교세포는 척추와 뇌의 제일 안쪽에 있는 가장 오래된 구조부터 감싸기 시작해 점차 천천히 바깥쪽으로 작업해 나간다. 전체 과정은 수년 동안 지속되며 뇌의 제일 바깥쪽 구역은 20대 후반이 될 때까지도 완전히 피복되지 않는다. 마지막으로 완성되는 영역은 전두엽 대뇌겉질로 행동의 결과를 평가하고 계획하는 능력, 그리고 성격 형성에 중요하다. 그렇다면 10대 청소년들이 테킬라를 연거푸 다섯 잔 들이켜는 행동이 왜 나쁜지 이해하지 못하는 것도 그리 이상하지만은 않다.

　우리의 뇌는 20대에 가장 큰 변화를 겪을지도 모른다. 하지만 그렇다고 그때 완전히 마무리된다고 말할 수는 없다. 뇌는 장기적인 인생 프로젝트다. 우리가 배우고 기억하는 모든 것이 신경세포와 신경세포를 연결하는 물리적인 변화를 이끌어낸다. 이 책을 다 읽을 즈음, 여러분의 뇌는 이 책을 처음 펼칠 때와는 조금은 달라진 상태일 것이다. 뇌는 머릿속에 들어앉아 전원을 켜주기만을 기다리는 기계가 아니다. 뇌는 생기 있게 고동치는 하나의 사회다.

5개월
17주

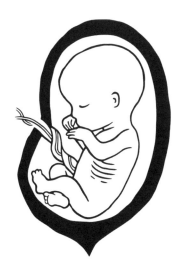

14센티미터
바나나 크기

# 감각

5개월째 들어서면 나는 바나나 크기로 길어진다. 처음으로 엄마 아빠가 초음파로 내 존재를 확인하고 엄마가 태동을 느끼는 게 아마 이 시점일 것이다. 하루하루 다르게 내 근육이 튼튼해지고 골격도 단단해진다. 귀가 천천히 목을 타고 올라와 마침내 제자리를 찾는다. 머지않아 나는 처음으로 소리에 반응할 것이다. 그러나 일부 다른 감각은 이미 작동 중이다. 첫 번째는 촉각이다. 촉각은 수정 후 2개월이 되었을 때, 입 주변에 닿는 것에 반응하며 시작한다. 그리고 곧이어 몸의 다른 기관으로 감각이 퍼져나간다. 수시로 손으로 얼굴을 만지며 탐구하고 하루에도 여러 번 입술에 손가락을 댈 것이다.

## 맛과 냄새

미각은 4개월 때쯤 작동하기 시작한다. 그때까지 입속에 작은 맛봉오리(미뢰)가 형성되는데, 각각 융털(융모)이 달린 긴 미각세포가 50~100개씩 있다. 미각세포의 작은 융털 표면에 우리가 먹는 음식 분자를 포획하는 수용체가 있다. 음식 분자가 수용체에 결합하면 세포는 자신의 발견을 뇌에 보고하는 신호를 생성한다. 각 미각세포는 특정한 종류의 분자와 맛을 인지하도록 전문화되어 있다. 어떤 미각세포는 신맛을, 또 다른 미각세포들은 각각 단맛, 쓴맛, 짠맛, 감칠맛을 감지한다. 최신 연구에 따르면 지방의 맛에 반응하는 미각세포도 따로 있다고 한다.

처음엔 맛봉오리가 입안 전체에 퍼져 있다가 나중에 혀의 각기 다른 부분으로 이동한다. 그러나 혀가 부위에 따라 각각 다른 맛을 인식한다는 통설, 예를 들어 혀끝에서만 단맛을 느낀다는 건 근거 없는 말이다. 실제로 각 맛봉오리마다 모든 맛을 감지하는 세포가 있다. 그리고 혀 말고 다른 부위에도 맛봉오리가 있다. 이를테면 입천장이 그러하다. 심지어 파리 같은 동물은 몸 전체에 미각세포가 있다. 깎아놓은 사과 위에 앉은 파리는 사과즙의 달콤함을 발로 맛볼 수 있다. 메기 역시 몸 전체에 얼마나 많은 미각 세포가 뒤덮고 있는지, '헤엄치는 혀'라고 부를 만하다. 이처럼 놀랍도록 예민한 몸으로 메기는 모래에 숨어 있는 작은 벌레의 맛을 느낀다.

마침내 혀의 움푹 파인 표면에 맛봉오리가 쌓이면 들이마시는 양수에서 분자를 포획하기 시작한다. 그때 우리는 달짝지근한 맛 정도는 느꼈을지 모르나 미각이 완전히 발달하려면 아직 멀었다. 예를 들면 지금은 양수가 짜다는 것도 모르는 상태다. 태어나서 몇 개월이 지나야 특정한 맛을 인지하는 능력이 생긴다. 그런데 맛봉오리의 수는 어른이 되면서 감소한다. 다시 말해 어린이가 어른보다 맛에 훨씬 민감하다는 뜻이다.

입에 얼마나 많은 맛봉오리가 있든지 간에 코가 도와주지 않으면 완벽한 맛을 경험할 수 없다. 감기에 걸린 채 만찬을 즐겨본 사람이라면 잘 알 것이다. 코를 잡고 콧구멍을 막은 채로 초콜릿을 먹으면 점성이나 쓴맛, 단맛은 느낄 수 있지만 코코아 특유의 향은 없을 것이다. 음식의 향은 코에서 받아들이기 때문이다. 4개월짜리 태아의 작은 코에도 분명 감각세포가 들어 있지만 안타깝게도 세포 덩어리가 마개처럼 콧구멍을 완전히 막고 있다.

약 한 달 후, 코마개가 완전히 사라지고 태아는 공기처럼 양수를 들이마신다. 들이마시고 내쉬고 들이마시고 내쉬고. 그때마다 양수 속 분자들이 코의 감각세포에 달라붙어 수많은 새로운 인상이 뇌로 전달된다. 양수는 단순한 소금과 물 이상이기 때문이다. 태아는 자신과 엄마의 몸에서 나오는 여러 물질이 혼합된 칵테일 속에 들어가 있다. 엄마의 피로 들어가는 모든 것은 나중에 태아의 수중 보금자리에도 나타난다. 엄마가 먹는 음식에서 나는 향도 물론이다. 미국의 용감한 연구원들은 여러 임신부에게서 채취한 양수 샘플의 냄새를 맡고 누가 샘플을 채취하기 직전에 마늘을 먹었는지 쉽게 가려낼 수 있었다. 민트, 아니스(산형과의 한해살이풀) 씨, 바닐라, 당근의 맛도 양수로 전달된다는 사실이 실험을 통해 밝혀졌다. 개인적으로 나는 초콜릿 푸딩과 크림 향이 나는 양수에 누워 있었을 거라고 확신한다. 나중에 들은 바로는 엄마가 나를 임신했을 때 제일 자주 먹었던 음식이라고 하셨기 때문이다.

태아가 자궁에서 경험한 맛을 태어난 후에도 기억한다는 사실은 여러 연구를 통해 드러났다. 예를 들어 프랑스 과학 자들은 임신 중에 아니스 향이 나는 사탕을 주기적으로 먹은 엄마에게서 태어난 신생아는 아니스 향을 선호한다는 사실을 확인했다. 미국 연구팀은 임신부를 두 집단으로 나누어 한 집단에는 임신 마지막 3개월 동안 일주일에 네 번씩 당근즙을 한 컵씩 먹게 하고, 다른 집단에는 당근을 아예 멀리하게 했다. 출산 후 한 달 뒤에 아기들에게 당근 맛이 나는 이유식을 주었더니 엄마가 임신 중에 당근즙을 먹은 아기들이 더 좋아했다.

### 청각과 균형 감각

청력이 작동해 소리를 듣기 시작하면 자궁이 절대 조용하지 않다는 사실을 깨닫게 될 것이다. 엄마의 심장은 끊임없이 고동치고, 피는 울부짖고, 창자에서는 가스가 부글거린다. 머지않아 바깥 소리도 들을 수 있게 된다. 대체로 태아는 20~24주, 즉 수정 후 6개월의 어느 시점에 소리에 반응하기 시작한다. 연구팀은 초음파를 통해 임신부의 배 앞에 소리를 들려주었을 때 태아가 깜짝 놀란 듯이 펄쩍 뛰는 것을 확인했다. 특히 엄마의 목소리는 몸 전체에 울려 퍼지기 때문에 태아에게 더 또렷이 들린다. 그 외에 자궁에서는 대체로 음이 낮은 소리가 가장 많이 들린다. 이웃에서 파티가 벌어질 때 낮은 베이스 음이 주로 들리는 것처럼 말이다. 피부와 근육을 통과하면서 일부 음은 소거되거나 왜곡된다. 또한 귀는 완전히 양수로 가득차 있기 때문에 태아가 소리를 듣는 방식에 영향을 준다. 음절과 세부적인 소리는 둔탁하게 다듬어지지만, 리듬과 멜로디는 비교적 또렷이 들린다. 이렇게 하루하루 청력은 점점 좋아진다.

소리를 들으려면 달팽이관이 있어야 한다. 달팽이관은 체액으로 가득찬 나선형의 뼈로, 귀의 가장 안쪽에 있다. 달팽이관 속에는 우리가 듣는 모든 소리음에 맞춰 춤을 추는 융털이 달린 감각세포가 있다. 소리가 달팽이관의 체액에 작은 파도를 일으키면, 이 감각세포의 작은 융털이 흔들림과 동시에 뇌에 전기신호를 보낸다. 달팽이관 근처에 있는 세 개의 반고리관은 평형기관이다. 반고리관 속에도 액체가 가득하다. 그래서 머리를 움직이면 그 안에서 물결이 일어난다. 감각세포는 이를 곧바로 뇌에 보고한다. 세 개의 고리가 협력해 우리의 움직임을 3차원으로 인지한다. 한 고리는 회전을 감지하고 또 다른 고리는 머리를 앞으로 숙였는지 알 수 있다. 이들이 뇌에 수시로 보고하지 않으면 우리는 똑바로 서서 넘어지지 않고 돌아다닐 수도 없을 것이다.

태아가 소리나 접촉에 영향을 받는지 아닌지는 과학자들도 알 수 있다. 하지만 이것이 태아가 이 외부 감각을 의식적으로 경험한다는 것을 의미하지는 않는다. 뇌의 신경세포가 적절히 이어져 새로운 인상을 처리하기까지 시간이 걸린다. 두뇌는 유전과 환경이 함께 조합되어 형성된다. 그리고 화학물질에서 경험에 이르기까지 모든 것이 두뇌 발달에 영향을 미친다. 의사소통이 빈번한 신경세포일수록 서로 더욱 끈끈한 관계를 맺는다. 즉, 감각은 훈련될 수 있다. 새로운 소리를 포착할 때마다 듣는 능력은 더 좋아질 것이다.

청력 장애는 미숙아에게서 흔히 나타나는데, 과학자들은 이것이 뇌에 과부하가 온 결과라고 믿는다. 어둠 속에서 조용한 배경 소리를 들으며 지내던 아기가 너무나 갑작스럽게 눈부신 빛과 병원 장비의 거칠고 요란한 소리에 노출된다. 하버드대학의 한 연구팀은 병원에서 자궁의 환경을 비슷하게 재현했을 때 이 효과를 상쇄할 수 있는지 조사했다. 불빛을 흐리게 하고 미리 녹음한 엄마의 심장 소리와 목소리를 들려주었다. 이후에 뇌를 스캔해보니 아기들은 이 같은 처치를 받지 않은 아기보다 청각중추가 더 발달했다.

자궁에서 느꼈던 맛을 기억하는 것처럼 신생아는 자궁에서 들었던 소리에 대한 기억 또한 간직하고 태어난다. 신생아는 심장 소리를 들을 때 덜 울고 더 편안히 숨을 쉰다. 덧붙여 퀸스대학교 벨파스트의 연구팀에 따르면 9개월 된 태아는 엄마가 주기적으로 보았던 드라마의 주제곡을 인지한다. 연구팀이 태아에게 같은 멜로디를 들려주었더니 태아가 더 활동적으로 움직이는 것을 초음파로 확인했다. 태어난 뒤에도 아기들은 익숙한 음악을 들을 때 더 차분해지고 울음을 멈추었다.

우리는 태어나기 전부터 이미 엄마의 목소리를 인지하도록 배우는 것 같다. 태아가 엄마의 목소리를 들으면 심장박동이 증가한다. 노스캐롤라이나대학의 앤서니 J. 드캐스퍼Anthony J. DeCasper와 윌리엄 P. 파이퍼William P. Fifer는 한 신생아 집단에 헤드폰을 씌우고 특수 제작한 인형을 주었다. 아기는 인형을 빠르게 또는 천천히 빠는 동작으로 엄마의 목소리와 다른 여성의 목소리 중 하나를 선택할 수 있었는데, 확실히 엄마 목소리를 더 좋아했다. 게다가 엄마의 음성을 자궁에서 들리는 소리와 비슷하게 뭉개고 변조했을 때 더 좋아했다.

연구팀은 또한 임신부들에게 출산 마지막 몇 주 동안 동화책을 큰 소리로 읽게 했다. 임신부들은 하루에 두 번씩 자리에 앉아 태어나지 않은 뱃속의 아기에게 미국에서 가장 인기 있는 동화책인 《모자 쓴 고양이》를 읽어주었다. 아기가 태어나고 하루 만에 연구팀은 아기에게 헤드폰과 특수 제작한 인형을 주고 녹음된 음성 중 선택하게 했다. 하나는 엄마가 읽어주는 《모자 쓴 고양이》였고, 다른 하나는 엄마가 읽어주는 다른 동화책이었다. 이번에도 선택은 확실했다. 아기들은 분명히 뱃속에 있을 때 엄마가 읽어준 책을 훨씬 더 좋아했다.

태어나기 전에 소리를 배우는 것은 사람만이 아니다. 호주의 작은 새인 요정굴뚝새는 알을 품은 어미가 알에게 주기적으로 노래를 불러준다. 부화한 새끼 새는 먹이를 달라고 소리칠 때 이 멜로디를 사용한다. 이 소리는 특히 교활한 뻐꾸기를 상대할 때 유용하다. 뻐꾸기는 자기 알을 남의 둥지에 낳는 것으로 유명하다. 요정굴뚝새 어미 입장에서는 자기도 모르게 입양된 새끼 새에게 쉽게 먹이를 낭비할 수 있다. 그러나 자기 새끼가 부르는 노랫소리가 일종의 암호 역할을 한다. 엄마와 새끼만 아는 암호 덕분에 생존에 필요한 먹이가 요정굴뚝새에게만 돌아간다.

## 시각

태아는 6~7개월 무렵 빛에 반응하기 시작한다. 그러나 시력이 있어도 자궁의 어둠 속에서 볼 수 있는 것은 많지 않다. 엄마의 옷과 피부와 근육과 혈액을 통과해 자궁까지 침투하는 것은 붉은 기가 도는 희미한 불빛뿐이다. 그렇지만 태아도 엄마가 햇빛을 받으며 누워 있는지 정도는 알 수 있다. 연구팀은 임신부의 배에 빛을 비추었을 때 태아가 몸을 돌리는 것을 초음파로 확인했다.

　눈은 이미 수정 후 4주째부터 만들어지기 시작한다. 이즈음 뇌는 아직 작은 관에 불과하고 몸은 애벌레처럼 보인다. 가장 앞쪽에 있는 뇌관의 양쪽에서 두 개의 빈 줄기 같은 것이 자라는데 둘 다 끝에 작은 주머니가 달렸다. 며칠이 지나면 이 주머니가 피부 안쪽으로 눌려서 두 개의 작은 그릇 모양이 된다. 이것이 망막의 시작이다. 망막은 빛이 부딪혔을 때 신경 신호를 생성하는 특별한 세포로 구성된다. 그러나 이 세포가 뇌에게 빛에 대한 메시지를 전하려면 약간의 도움이 필요하다. 그래서 우선 이 세포들은 곧바로 이웃 세포에 명령과 메시지를 보내기 시작한다. 그러면 어떤 세포는 빛을 망막으로 끌어모으는 임무를 맡아 수정체를 만든다. 또 어떤 세포는 그릇 모양의 망막 주위로 보호 물질을 만든다.

이 세포들이 눈을 구성할 때 사용하는 메시지 중 하나는 팍스6*PAX6*라는 유전자의 도움을 받는다. 팍스6 유전자에 이상이 있는 사람은 무홍채증이라는 질환을 앓는다. 이 질환의 전형적인 특징은 눈의 색깔을 결정하는 홍채가 없다는 것이다. 즉, 무홍채증 환자의 눈은 파랑, 초록, 갈색 중 어느 것도 아니고 눈 한가운데에 크고 짙은 눈동자가 있을 뿐이다. 무홍채증은 그 원인을 제공한 유전자가 1992년에 발견되기 150년 전부터 알려졌다. 이후 몇 년간 생물학자들은 팍스6가 매우 특별한 유전자라는 것을 밝혔다. 과학자들에게 놀라움을 선사한 것은 이번에도 초파리다.

초파리는 겹눈이라는 독특한 눈을 장착했다. 초파리의 눈을 자세히 들여다보면 실제로 하나가 아닌 수백 개의 작고 붉은 구슬로 이루어졌음을 알 수 있다. 그 작은 구슬 하나하나가 독립된 눈으로서 별개의 수정체와 빛을 감지하는 세포를 갖고 있다. 초파리는 동시에 전 방향을 보면서 개개의 작은 눈이 감지한 인상을 모자이크처럼 모은다. 초파리의 겹눈을 만드는 데 사용되는 유전자를 아이리스*eyeless*라고 부르는데, 아이리스라는 이름도 이 유전자가 제대로 작동하지 않을 때 일어나는 현상을 따서 지은 것이다. 다시 말해 아이리스 유전자가 손상되면 불운한 초파리는 아예 눈 없이 태어난다. 반면 이 유전자가 작동하면 초파리는 몸의 어디에나 눈을 만들 수 있다. 대개는 머리에 눈이 생겨야 하지만, 유전공학 기술 덕분에 연구팀은 정상적으로는 스위치가 꺼진 부위에서 아이리스 유전자를 켤 수 있었다. 연구팀은 초파리 유충을 대상으로 원래 다리가 나와야 하는 부위에서 아이리스 유전자를 활성화했고, 그 결과 6개의 다리에 전부 붉은 눈이 튀어나온 파리를 창조했다. 이 유전자를 다른 곳에서 켜니 더듬이 끝에 눈이 튀어나온 작은 게를 닮은 초파리가 태어나기도 했다. 연구는 그렇게 계속되었다.

한 유전자의 모든 글자(염기) 순서를 알아내고 나면, 컴퓨터 데이터베이스를 통해 지금까지 알려진 모든 유전자를 검색하고 대조해 비슷한 글자 배열을 가진 유전자를 찾아낼 수 있다. 연구팀이 아이리스 유전자로 검색한 결과는 놀라

웠다. 컴퓨터는 초파리의 아이리스 유전자가 인간의 팍스6 유전자와 거의 일치한다는 것을 발견했다. 예전에 생쥐에서 팍스6가 변형된 유사한 유전자가 발견된 적도 있었지만 그 때는 그리 놀라지 않았다. 생쥐는 우리와 같은 포유류이고 생쥐와 사람의 눈은 어쨌거나 매우 비슷하기 때문이다. 그 러나 초파리의 경우는 충격이었다. 이게 정말 가능할까? 포 유류의 눈을 만드는 데 관여하는 유전자가 초파리의 독특한 붉은 눈 구슬을 만드는 데 정말 도움이 될까?

이 문제를 좀 더 자세히 조사하기 위해 연구팀은 초파리 유전자를 잘라내어 조작하기로 했다. 연구팀은 초파리에게 아이리스 유전자 대신 생쥐의 팍스6를 넣어주었다. 초파리 세포는 어떻게 반응했을까? 초파리 세포는 생쥐의 명령에도 충실히 복종했다. 아이리스 유전자와 팍스6 유전자 모두 혹 스 유전자처럼 유전자 스위치 기능을 맡아 눈을 만드는 데 필요한 여러 유전자를 켠다. 일단 팍스6가 "우린 여기에 눈 을 만들 것이다"라고 결정하면 실무를 담당한 유전자들이 눈을 제작한다. 비록 명령어는 생쥐에서 빌렸지만 초파리는 여전히 정상적인 곤충의 붉은 눈을 만들 것이다. 이 생쥐 유 전자가 '인간'의 세포에 명령을 내린다고 해도 우리 몸 세포는 복종하여 인간의 눈 한 쌍을 만들기 시작할 것이다.

수정 후 약 2개월이 지나면 눈은 벌써 자리를 잡는다. 그러나 눈을 사용하기까지는 시간이 좀 걸린다. 얇은 피부층이 자라 눈을 덮고 거의 6개월 동안 닫아둔다. 어쨌든 아직 눈과 뇌의 신경이 연결되지 않은 상태다. 그래서 이 단계의 눈은 메모리 카드가 없는 두 대의 카메라나 마찬가지다.

'보기'를 경험하려면 대뇌겉질에서 우리가 눈으로 본 이미지를 처리해야 한다. 대뇌겉질의 시각중추에 손상을 입은 사람은 눈이 제 할 일을 해도 눈이 보낸 이미지를 처리하지 못해 완벽하게 눈이 먼 것처럼 느낄 것이다. 그렇더라도 그 사람에게 어떤 물건에 손을 대어보라고 하면 어쨌거나 올바른 방향으로 손을 뻗는다. 그저 짐작이 운 좋게 맞았을 뿐이라고 생각할지 모르지만 순전히 운이라고 하기엔 적중률이 너무 높다. 그 이유는 뇌의 깊숙한 곳에 우리가 양서류 시절부터 유지해온 기념품인 시각중추가 하나 더 있기 때문이다. 개구리가 벌레를 향해 혀를 내뻗는 것처럼 앞에서 나온 눈 먼 이도 앞에 무엇이 있는지 확신하지 못한 채 물건을 잡을 수 있다.

이처럼 비록 오랫동안 눈이 닫힌 채로 있어도 망막세포는 절대 지루해하지 않는다. 결국 최고의 재미는 스스로 만드는 것이니까. 과학자들은 다양한 포유류의 망막에 있는 신경세포 활동을 측정해 이 세포들이 실제로 시각이 발달하기 훨씬 전부터 자발적으로 뇌에 신호를 보내고 있음을 확인했다. 이 세포들은 봉인된 눈꺼풀 뒤에서 비밀리에 시각적인 가짜 인상을 만들어낸다. 잘 조절된 전기적 활성의 물결이 망막을 정기적으로 휩쓸면 서로 나란히 앉은 세포들은 동시에 뇌에 신호를 전달한다. 이를 통해 신경세포들이 올바로 연결된다.

시력은 비록 다른 기관보다 먼저 만들어지지만 우리가 태어나는 시점에 가장 덜 발달한 감각이다. 신생아는 근시가 너무 심해서 10센티미터가 넘는 물체는 초점을 맞출 수 없다. 시력은 점차 나아지지만 완전히 발달하기까지는 몇 년이 걸린다.

# 털북숭이 과거

엄마 아빠는 초음파에서 볼 수 없었겠지만, 수정 후 5개월째에 들어서면 몸에서 아주 이상한 일이 일어난다. 나는 털북숭이가 된다. 온몸에 하얗고 고운 솜털이 나선형으로 자란다. 이 털은 내가 세상 밖으로 나가기 전에 사라지겠지만, 그때까지 매우 유용하게 쓰일 것이다. 이 털은 태지胎脂라는 물질을 붙잡아둔다. 이 하얀 지방질의 크림은 피부에서 분비되어 일종의 보습 크림처럼 작용한다. 내 섬세한 피부가 닳거나 갈라지지 않도록 막아주고 분만할 때 몸이 부드럽게 미끄러져 나오도록 돕는다.

사람의 몸에 털다운 털이 자라지 않는다는 건 정말 이상하다. 인간의 다른 영장류 사촌 모두가 털을 보유한다는 사실은 둘째치더라도, 털은 추위와 태양의 자외선으로부터 몸을 잘 보호해주는데 말이다. 털이 없는 인간은 여름엔 햇볕에 타고 겨울엔 추위를 탄다. 그렇다면 이처럼 벌거벗은 몸의 이점은 무엇일까? 생물학자들은 몇 가지 가설을 제안했다. 첫째로 우리 선조가 숲을 떠나 더운 아프리카 사바나에서의 삶에 적응하는 동안 털을 잃었다는 가설이다. 그늘진 숲에서 벗어난 인간은 타는 듯한 태양 아래에서 몸을 식히는 게 중요해졌다. 해결책은 땀을 흘리는 전문가로 거듭나는 것이다. 인간이 땀으로 열을 식히는 원리는 간단하고도 기발하다. 피부 전체에 나 있는 수많은 땀샘에서 분비된 땀이 증발하면서 몸의 열기를 가져가버린다. 다른 동물들은 더우면 숨을 헐떡거리지만 인간은 아주 먼 거리를 달리면서도 몸이 과열되지 않는다. 우리 몸은 마라톤에 적합하게 만들어졌고, 그 사실만으로도 사바나에서 사냥할 때 엄청난 이점을 주었을 것이다. 그저 사냥감이 지쳐 열사병으로 쓰러질 때까지 뒤쫓기만 하면 되니까 말이다. 땀과 참을성만 있으면 충분하다.

그러나 벌거벗은 인간은 새로운 위협에 직면했다. 태양이 쏘아대는 자외선에 직접 노출되었기 때문이다. 그래서 인간의 피부는 어두운 보호성 색소(멜라닌)를 개발했다. 최초의 인류가 아프리카를 벗어나 북쪽의 유럽과 아시아로 이주한 후에야 밝은 피부를 가진 사람들이 나타났다. 하얀 피부는 햇빛에 잘 타는 대신 햇빛을 효과적으로 이용해 비타민D를 생산한다.

인간이 벌거벗게 된 까닭이 열의 발산만은 아니다. 몸에 빌붙어 사는 생물을 제거하기 위해 털을 잃었다고 주장하는 생물학자도 있다. 털이 북실거리는 몸은 위험한 바이러스와 세균을 지니고 다니는 진드기나 이, 그 밖의 여러 불쾌한 손님이 가장 좋아하는 서식처다. 함께 가까이 모여 사는 사회적 동물에게는 감염 위험이 특히 높다. 불을 피우고 은신처를 만들고 옷을 짓는 법을 배우면서 인간은 밤에도 체온을 따뜻하게 유지할 목적으로 털을 기를 필요가 없어졌다. 털을 제거하여 얻는 이점이 해로운 점보다 커졌다. 게다가 진화의 승자는 단지 살아남은 자가 아니라 살아남아 '후손'을 남긴 자다. 바지 한번 내려보지 못하고 백 살까지 사는 게 무슨 소용이란 말인가! 털이 없는 피부는 건강하고 기생충이 없는 몸을 보장하는 신호로서 짝짓기 시장에서 선풍적인 인기를 끌었을 것이다. 그렇다면 생식기 주변에 여전히 털이 남아 있는 이유는 성적 매력을 높이는 향기와 냄새를 가두기 위함으로 설명할 수 있다.

어떤 이유든, 과거 우리 조상이 털 달린 짐승이었다는 사실을 상기시키는 증거가 하나 있다. 바로 소름이다. 추위를 느끼면 피부의 모낭 주위의 근육이 자연스럽게 수축해 털을 똑바로 서게 한다. 이 현상은 털이 긴 짐승에게 특히 유용하다. 몸 주위로 따뜻한 보호층을 형성할 수 있고, 겁을 먹었을 때는 상대에게 좀 더 크고 위협적으로 보일 수 있기 때문이다. 그러나 인간에게는 아무짝에도 쓸데없는 반사작용이다. 오돌토돌한 피부는 몸을 따뜻하게 하는 데도, 곰을 쫓아버리는 데도 별로 도움이 되지 않으니까 말이다.

6개월
21주

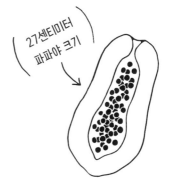

27센티미터
파파야 크기

# 물에서 공기로

수정 후 6개월째 들어서면 나는 작고 연약할 뿐 갓 태어난 아기를 그대로 닮았다. 섬세한 피부 밑으로 여전히 혈관이 보이지만 깡마른 몸을 둘러싸는 지방층이 쌓이기 시작했다. 앞으로 몇 주 동안 주름진 피부는 점차 매끄럽고 불투명해질 것이다.

내가 만일 지금 태어난다면, 의학의 도움을 빌려야만 살아남을 수 있다. 오늘날에는 겨우 20주(임신 22주)에 태어난 아기도 구할 수 있지만, 이처럼 일찍 태어난 아기가 생존할 가능성은 불과 3~22퍼센트로 매우 낮다. 그리고 그중 다수

144

가 평생 회복하기 어려운 손상을 안고 태어난다. 비교하자면, 5주만 늦게 태어나도 90퍼센트가 생존한다. 어떤 경우든, 조산의 가장 큰 위험은 허파가 아직 준비되지 않았다는 점에 있다.

허파는 수정 후 약 1개월째 형성되기 시작한다. 우리가 아직 미세한 올챙이 같을 때 장관intestinal tube의 꼭대기에서 작은 눈bud이 자란다. 허파를 만들지 않는 대부분의 물고기에서도 비슷한 돌기가 생기지만 결국 부레로 발달한다. 부레는 물고기가 근육의 힘을 전혀 사용하지 않고도 물속에서 떠오르거나 가라앉게 하는 공기주머니다. 폐어lungfish라는 적절한 이름의 물고기는 부레 대신 단순한 형태의 허파를 만든다. 서식하는 늪지가 마르기 시작하면 폐어는 질척한 진흙 속에 고치를 만들고 들어가 침착하게 숨을 쉬며 우기가 될 때까지 기다린다.

인체의 발달에서 이 작은 싹눈은 완성까지 수개월이 걸리는 정교한 신체 기관의 시작점이다. 우선 눈이 싹을 틔워 기관氣管을 형성한다. 이 기관이 두 개의 작은 관으로 갈라져 각각 왼쪽과 오른쪽 허파가 된다. 그리고 여기에서 나뭇가지처럼 새로운 폐관lung tube이 싹튼다. 가장 작고 가느다란 마지막 가지 끝에는 현미경으로 확대해 보았을 때 포도송이를 닮은 작은 공기주머니 다발이 달린다. 이 공기주머니를 허파꽈리(폐포)라고 부른다. 허파꽈리는 우리가 정식으로 숨을 쉬기 시작할 때 허파와 혈액 사이의 가스 교환이 효과적으로 일어나게 돕는다. 숨을 들이마시면 공기가 허파의 가지를 타고 들어가 이 작은 공기주머니를 부풀린다. 동시에 심장은 산소가 부족한 혈액을 펌프질해 허파로 보낸다. 허파의 가지를 따라 수많은 정맥이 흘러 마치 털실 뭉치처럼 허파꽈리를 감싸는데, 허파꽈리는 벽이 극도로 얇기 때문에 공기가 직접 통과해 혈액으로 들어갈 수 있다. 들이마신 산소 분자가 이곳에서 혈액으로 들어가 헤모글로빈이라는 단백질에 달라붙는다. 그러면 어둡다 못해 검은색에 가까운 헤모글로빈이 순식간에 선명한 붉은색으로 바뀐다. 동시에 혈액 속의 이산화탄소는 허파꽈리로 빠져나간다. 숨을 내쉬면 산소가 풍부해진 혈액이 심장의 왼쪽으로 흘러 들어간다. 혈액이 허파 안에서 끝없이 돌고 도는 순환 고리에 빠지지 않도록 단단한 근육질 벽이 심장의 왼쪽과 오른쪽을 나눈다. 그래서 신선한 산소를 잔뜩 실은 혈액은 심장을 벗어나 우리 몸 안에서 새로운 여행을 시작한다.

두-둥, 두-둥 우리는 모두 태어난 순간부터 죽을 때까지 멈추지 않고 숨을 들이쉬고, 내쉰다. 그러나 자궁에 있는 동안에는 혈액이 완전히 다른 길을 떠난다. 내 혈액은 탯줄을 통해 흐르면서 산소를 거둬들이기 위해 태반으로 간다. 혈액이 산소로 가득차면 몸으로 돌아와 심장의 오른쪽으로 들어간다. 원래는 거기에서 허파로 가야 하지만, 양수로 가득 찬 주머니에서는 얻을 게 하나도 없으므로 혈액은 지름길을 통해 작은 구멍으로 들어가 곧장 심장의 왼쪽으로 흐른다.

태아가 세상에 나와 처음으로 숨을 쉬는 순간, 작은 밸브가 이 구멍을 막고 영원히 폐쇄한다. 그리고 혈액은 오른쪽 심장에서 바로 왼쪽 심장으로 가는 대신 허파를 통과하는 새로운 경로로 보내진다. 이는 평생 충실히 지속하게 될 일이다. 그러나 만약 이 구멍을 제대로 막지 않으면 태어난 후에도 심장에 작은 틈이 남는다. 이는 가장 흔한 선천성 심장질환의 하나지만 다행히 대부분의 경우 이 틈은 시간이 흐르면 저절로 닫힌다. 틈이 완전히 메워지지 않으면 심장이 뛸 때마다 소량의 피가 심장의 왼쪽에서 오른쪽으로 새어나가기 때문에 이 피를 다시 허파로 보내려면 추가로 펌프질을 해야 한다. 틈의 크기가 크다면 심장이 불필요한 노동으로 과부하되는 것을 막기 위해 수술로 폐쇄해야 한다.

심장의 구멍 이야기가 나와서 하는 말인데, 작은 초파리에 관한 또 다른 얘기가 있다. 믿거나 말거나 초파리의 작은 몸 안에는 사실 단순한 관 모양의 심장이 숨겨져 있다. 혈액도 혈관도 없지만 이 작은 관은 고동치면서 이 곤충의 신체 기관 전체를 둘러싼 체액을 움직인다. 1980년대에 과학자 롤프 보드머Rolf Bodmer는 초파리의 신경계 발달을 통제하는 유전자를 찾는 과정에서 나중에 초파리의 작은 심장관 발달에 결정적인 역할을 한다고 알려진 다른 유전자를 발견했다. 이 유전자가 손상되면 초파리는 말 그대로 심장 없이 태어난다. 보드머는 이 유전자를《오즈의 마법사》등장인물 중 심장이 없는 깡통 로봇의 이름을 따 틴맨 *tinman*이라고 불렀다.

몇 년 후 다른 연구팀이 선천적으로 심장에 구멍을 갖고 태어나 수술을 받은 환자들의 유전자를 연구한 결과 모두 5번 염색체의 같은 구역에서 돌연변이가 발생했다는 사실을 발견했다. 비슷한 DNA 부호를 어디선가 본 적이 있지 않았던가? 맞다. *Nkx2-5*라는 훨씬 지루한 이름으로 불리긴

해도 사람 역시 틴맨 유전자와 매우 비슷한 유전자를 보유한다. 비록 완전히 다른 형태의 심장을 만들긴 하지만, 인간과 초파리는 동일한 유전자를 자기만의 고유한 버전으로 갖고 있다. 다시 한 번, 진화는 고대의 혁신을 보존했다. 그 말은 심장을 연구하는 과학자들도 과일 바구니의 작은 해충으로부터 얻을 게 있다는 뜻이다.

한편 우리의 관심이 허파라면, 초파리는 실험용 동물로 적합하지 않다. 여느 곤충처럼 초파리는 우리와 완전히 다른 방식으로 산소를 얻기 때문이다. 확대경으로 곤충을 관찰하면 몸에 난 작은 구멍을 보게 될 것이다. 이 구멍으로 공기가 유입된 후 미세한 관이 연결된 망을 통해 초파리의 몸 전체로 배분된다. 이런 단순한 방식은 단거리 운송에 매우 효과적이다. 그러나 사람 같은 대형 생물은 쓸 수 없는 방법이다. 몸의 가장 깊숙이 있는 세포까지 도달할 정도로 충분한 산소를 얻을 수 없기 때문이다. 그래서 곤충은 몸집을 작게 유지해야만 한다. 적어도 오늘날에는 말이다. 약 3억 년 전에는 잠자리가 갈매기만큼이나 컸지만 당시에는 공기 중에 산소가 훨씬 풍부했기 때문에 가능한 일이었다. 오늘날의 산소 농도로는 이 거대한 곤충이 다시 출몰하는 일은 없을 것이다.

인간은 탯줄이 잘리는 순간부터 제대로 기능하는 한 쌍의 허파에 전적으로 의존한다. 수정 2개월 후 태아는 이미 미완성된 허파로 양수를 들이마시고 내뱉으며 호흡을 연습한다. 마치 진짜로 숨을 쉬듯 리듬에 맞춰 가슴이 위로 올라가고 내려앉는다. 6개월이 되면 허파는 가지가 많이 갈라진 커다란 나무처럼 자란다. 세포는 더 많은 허파꽈리를 만들기 위해 쉬지 않고 일한다. 이 작은 공기주머니는 가지 끝에 자리 잡는다. 허파꽈리가 새로 만들어질 때마다 허파의 표면적이 증가하고 그에 따라 산소 흡수량이 증가한다. 우리는 태어나서 8살까지도 허파꽈리를 생산하는데, 그 수는 약 3억 개에 이른다.

마지막 몇 달 동안, 허파는 다른 중요한 임무를 맡는다. 허파는 폐표면활성제라고 부르는 물질을 생산하기 시작한다. 이 물질은 우리가 숨을 내쉴 때 허파가 서로 들러붙는 것을 막아준다. 따라서 이 물질이 넉넉하지 않으면 허파가 주저앉을 위험이 있다. 1980년대에 과학자들이 인공 폐표면활성제를 합성하면서 미숙아의 생존율이 현저히 향상되었다. 이제 의사들은 인공 폐표면활성제를 미숙아의 폐에 직접 투여

할 수 있다.

그와 더불어 미숙아는 인큐베이터에서 치료한다. 인큐베이터는 투명한 벽으로 밀폐된 집중치료용 침대로 온도, 습도, 산소 수치를 조절할 수 있다. 필요하다면 의사는 허파에 공기를 불어넣는 인공호흡기를 연결할 수 있다. 오늘날 발달한 의료기술로 과거에는 목숨을 잃었을 아기를 구할 수 있다. 그렇다면 임신의 전 과정을 자궁 밖에서 진행할 수도 있을까? 2016년에 최초로 두 연구팀이 인간의 배아를 실험실에서 일주일 이상 배양하는 데 성공했다. 과학자들은 세포 주머니가 실험용 접시에 착상하는 것을 보았고, 총 2주 동안 발달 과정을 관찰했다. 배아를 더 오래 살려둘 수도 있었지만 윤리적, 법적인 이유로 실험을 중단했다.

최근에 필라델피아 어린이병원 연구팀은 조산한 새끼 양을 대상으로 인공 자궁을 시험했다. 이 시스템은 합성 양수로 가득찬 투명한 비닐 주머니와 '탯줄'을 통해 산소와 영양분을 운반하는 기계로 구성되었다. 새끼 양이 비닐 주머니 안에서 '양수'를 삼키고 숨쉬는 동안 허파가 정상적으로 발달했다. 과학자들은 미래에 이 기술을 사람을 대상으로 쓸 수 있기를 희망하면서도 이 기술은 물에서 공기 호흡으로의 전환이 어려운 환자에 한하여 도움을 줄 수 있을 뿐이라고 강조한다. 소금물과 기계로 작동하는 태반이 인체의 복잡한 환경을 대체할 수는 없다.

자궁에서 시간을 더 보내야 하는 것은 허파만이 아니다. 마지막 몇 달은 뇌의 발달에도 중요하다. 7개월째에 뇌는 중요한 단계에 도달한다. 이제 뇌의 전기적 활동은 동기화되어 주기적인 파동으로 나타난다. 이전에는 뇌의 활동이 무작위적인 섬광으로 나타났을 뿐이었다. 과학자들이 이 주기적 뇌파를 측정해본 결과, 태아가 자궁에 있는 동안 대체로 자고 있음을 알아냈다. 낮은 산소 농도와 태반에서 나오는 일종의 안정제 덕분에 태아가 깨어 있는 시간은 하루에 10퍼센트가 채 못 된다. 그 외에는 조용한 수면과 활동 수면 단계 사이를 왔다갔다한다. 렘수면REM으로 알려진 활동 수면 중에는 닫힌 눈꺼풀 뒤로 눈이 좌우로 빠르게 움직인다. 이 잠자는 몸속에서 뇌 역시 일시적으로 깨어 있는 것처럼 보인다. 크고 차분한 뇌파가 깨어 있는 사람의 전형적인 뇌파처럼 짧고 빠른 파동으로 바뀐다.

렘수면은 포유류와 조류 대부분에서 발견되지만 과학자들은 이런 신비스러운 수면 단계의 목적이 무엇인지 여전히 합의를 이루지 못했다. 성인은 매일 밤 여러 차례 렘수면 상태에 들어간다. 렘수면 단계는 꿈을 가장 많이 꾸는 시간이기도 하다. 쥐도 꿈을 꾸는 것 같다. 예를 들면 맛있는 간식을 찾아다니는 꿈 말이다. 미국 매사추세츠 공과대학 연구팀은 초콜릿을 찾아 미로를 헤매는 쥐의 뇌 활동을 측정했다. 그리고 잠자는 쥐의 뇌파를 관찰했더니 뇌의 동일한 부분에서 신호를 발사하는 것이 관찰되었다. 금화조는 어떨까? 시카고대학 연구팀에 따르면 이 새는 노래하는 꿈을 꾼다. 멜로디가 있는 소리를 내는 동안 각 음에 대해 고유한 신경 세포가 활성화된다. 연구팀이 수면 중인 새를 관찰했더니 같은 신경세포가 다시 활성화되었다. 마치 꿈속에서 노래 연습이라도 하듯이 말이다.

태아는 꿈을 꿀까? 그건 아무도 확실히 알지 못하지만 적어도 태아와 아기는 성인보다 훨씬 더 많은 시간을 렘수면 상태로 보낸다. 렘수면 단계가 태아 수면의 절반 이상을 차지하는 것에 비해 성인의 경우 4분의 1 미만에 불과하다. 최근 쥐를 연구한 결과에 따르면 렘수면 시간에 뇌가 청소된다고 한다. 신경세포 사이에 불필요하게 연결된 고리가 제거되는 것이다. 렘수면은 뇌의 발달에 중요하다. 어른들이 밤에 누워 꿈을 꾸면서 하는 일이 바로 이것일까? 우리의 뇌는 끝내 완성되지 못한 채 우리가 살아서 배우고 기억하는 한 계속 변할 것이다.

태아가 깨어 있든 자고 있든 몸은 자궁 밖에서의 삶을 준비한다. 7개월째 들어서면 살이 붙어 통통해진다는 점을 제외하고 외형은 그다지 크게 변하지 않는다. 팔과 다리에 작은 주름이 생기고, 이 시기 몸무게는 하루에 평균 14그램씩 늘어난다.

태아는 일반적인 백색지방과 갈색지방이라고 부르는 물질을 동시에 생산한다. 갈색지방세포는 열을 생산하는 전문가로 자궁 바깥의 추운 세상을 견디는 데 유용하다. 성인은 아기보다 추위에 대처하는 더 적합한 조건을 갖췄다. 근육도 많고 몸을 더 잘 떨고 자유의지를 가지고 따뜻한 곳으로 이동할 수도 있다. 그래서 자라면서 갈색지방은 대부분 없어진다. 하지만 곰은 매년 여름에 갈색지방을 대량으로 생산해 나중에 길고 추운 겨울 동면하는 동안 몸을 따뜻하게 유지한다.

마지막 몇 주간 자궁은 점점 비좁아진다. 그 안에서 뒹굴던 시간은 끝났다. 때가 가까워지면 나는 '태아 자세'라고 부르는 모양으로 누워 있어야 한다. 태아 자세란 긴 다리를 가슴 쪽으로 접고 있는 자세를 말한다. 이대로는 엄마의 갈비뼈와 배를 제대로 한번 찰 수 있을 만큼의 공간밖에 없다. 평범한 아기라면 머리가 곧 산도를 압박할 것이다.

그리고 곧 때가 온다.

만삭

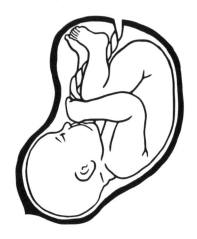

36센티미터
다리를 포함하면 0.5미터
갓난쟁이 크기

# 끝, 또는 시작

## 끝

캥거루의 탄생은 아무도 모르게, 그것도 임신 후 한 달 만에 조용히 진행된다. 어미 캥거루의 다리 사이에서 땅콩만 한 크기의 벌레 같은 생명체가 기어나온다. 새끼의 피부는 매끄럽고 투명하며 붉은 정맥이 작은 몸속을 흐른다. 갓 태어난 새끼의 뒷다리는 채 다 자라지 않았지만, 앞발로 엄마의 두꺼운 털에 매달려 몸을 위로 올린다. 어미는 몸을 앞쪽으로 숙이고 자기 몸의 털을 핥아 새끼가 올라올 수 있도록 길을 터준다. 작은 생명체는 어미의 주머니에 들어가 마침내 세상을 탐험할 준비를 마치고 떠나는 날까지 언제든지 엄마 젖을 먹을 수 있는 자기만의 안전한 공간에서 9개월을 보내며 성장하고 발달할 것이다. 설사 위협을 받더라도 재빨리 어미의 주머니로 퇴각하면 그만이다.

얼룩무늬하이에나의 경우는 출산이 훨씬 힘들다. 암컷은 수컷의 성기처럼 생긴 관으로 새끼를 밀어내야 한다. 몸집이 큰 새끼는 관을 통과할 수 없기 때문에 종종 출산 중에 산도가 파열되면서 초산인 어미 하이에나의 사망률이 크게 치솟는다. 그렇다면 이 종은 조만간 멸종하리라고 생각할지 모르지만 하이에나들은 꽤 잘 버텨냈다. 적어도 새끼는 자궁에서 충분한 시간을 보내면서 충분히 자라고 성숙해져 그들을 기다리는 잔인한 현실에 대한 준비를 마치고 나온다. 하이에나 새끼는 강력한 턱과 완전히 자란 이빨을 가지고 태어나 당장이라도 적을 해치울 준비가 되어 있다.

신생아 인간은 완전히 다른 상황에 놓여 있다. 갓 태어난 우리는 캥거루 새끼처럼 무력하다. 인간은 형편없는 운동 능력을 갖추고 세상에 나서는 것으로 유명하다. 대부분 동물이 태어나자마자 완벽하게 이동이 가능하지만, 우리는 젖을 빨고 자고 우는 일 외에는 아무것도 할 수 없다. 단, 인간은 인상적일 정도로 큰 뇌를 갖고 태어난다. 두개골이 움직이는 골판으로 만들어지지 않았다면 그 안에서 커다란 뇌가 자랄 공간은 없었을 것이다. 지금으로부터 500만~700만 년 전에 우리 조상이 두 발로 걷기 시작했다는 것도 역시 출산에는 도움이 안 되는 사실이다. 이 특이한 이동 방식이 우리의 골격 형태에 영향을 끼쳤다. 침팬지와 인간을 비교해보면, 골반과 같이 척추와 다리를 연결하는 뼈에 뚜렷한 차이가 있음을 알 수 있다. 사람의 골반은 침팬지보다 짧고 넓고 둥근 그릇 모양이다. 이런 디자인은 척추를 지탱하고 두 발로 서서 더 빠르고 효율적으로 움직이게 한다. 또한 뱃속의 태아 외에도 다른 모든 내장 기관의 무게를 견디면서 이동할 수 있다. 침팬지는 다르다. 침팬지는 마치 해먹처럼 내부 장기의 무게를 복부 근육으로 지탱한다. 그래서 몸무게가 인간처럼 한 곳에 집중되는 것이 아니라 넓은 면적에 고르게 퍼진다. 우리는 골반에 있는 근육과 뼈로 몸무게의 절반 이상을 지탱해야 한다. 뼈 사이가 너무 벌어지면 모든 장기가 떨어져나가는 위험까지 감수해야 한다.

거의 모든 포유류가 그렇듯이 인간도 골반을 통과해 세상에 나온다. 자궁경부와 질은 늘어날 수 있다손 치더라도 골반은 산도가 벌어지는 정도를 엄격히 제한한다. 많은 원숭이 종이 비슷한 문제를 갖고 있다. 새끼의 머리가 너무 커서 골반 입구에 맞지 않는 것이다. 출산 합병증은 이들 종에서 흔한 일이다.

인간의 골반은 두 다리로 걷는 것에 최적화되었기 때문에 더 복잡하다. 특히 골반 입구는 가로가 세로보다 더 길고, 골반 출구는 세로가 가로보다 긴데, 이 말은 분만 시 태아의 등이 엄마의 배를 향하도록 태아가 몸을 돌려야 한다는 것을 의미한다. 머리가 나온 뒤에는 어깨가 나올 수 있도록 원상태로 한 번 더 몸을 돌려야 한다. 다만 한 가지 유리한 점은 인간에게는 출산 시 산모를 돕는 배우자, 산파, 간호사가 있다는 사실이다. 원숭이는 어미가 혼자 출산하는 것이 일반적이지만 이 규칙에도 몇 가지 흥미로운 예외가 있다. 예를 들어 중앙아메리카와 남아메리카의 빽빽한 열대우림에서는 출산하자마자 아비가 새끼를 안고 핥는 종이 있다. 또 어떤 종은 경험 많은 암컷 유인원이 마치 산파처럼 무리에서 초산하는 암컷을 도와 새끼를 손으로 끄집어내기도 한다.

원숭이가 출산에 유리한 점은 새끼가 스스로 팔로 자신을 앞쪽으로 끌어내 출산을 돕는다는 점이다. 그리고 새끼 원숭이는 기회가 있으면 어미의 털을 부여잡고 가슴까지 올라간다. 인간의 아기는 엄두도 낼 수 없는 일이다. 우리의 운동 능력이 현저히 떨어지는 탓이다. 비록 우리 아버지가 이 부분을 읽고 내게 나는 태어날 때부터 매우 활동적이었다고 말씀하셨지만 말이다. 아버지 말씀에 따르면 나는 머리가 빠져나오자마자 팔꿈치를 죄고 몸을 앞으로 내밀었다고 한다. 빨리 세상 밖으로 나가고 싶어 서두른 게 분명하다.

어느 쪽이든 진화는 인간이 탄생하는 방식을 오래전에 바꾸었어야 했다. 무력한 아기를, 그것도 이처럼 좁은 출구로 쥐어 짜낸다고? 이는 생존의 측면에서 그다지 현명한 전략 같지 않다. 대부분 포유류의 뇌가 출산 전에 성인 크기의 대략 절반 정도 자라는 반면, 인간은 가까스로 3분의 1 크기까지 자란다. 인간의 뇌는 태어난 후에도 계속 자란다. 태아의 뇌가 자라는 속도만큼 엄청나게 빨리 말이다. 단, 자궁 밖에서. 태어나서 처음 몇 개월 동안 인간의 뇌는 어마어마한 양의 전산망을 구축하면서 1년 만에 두 배로 커진다. 아마도 이것이 인간의 신생아가 그처럼 무력한 이유일 것이다. 세상에 태어나는 순간에 인간의 뇌는 아직도 미숙한 상태다. 그러나 이처럼 느린 발달 속도는 큰 장점이 될 수도 있다.

덕분에 우리는 적응하고 또 열심히 배울 수밖에 없으니까. 일단 자궁 밖으로 나오면 우리는 주위 환경과 경험에 맞춰 뇌를 적응시킬 수 있다.

그러나 아무리 무력하더라도 때가 되면 무조건 밖으로 나가야 한다. 머리가 더 커지면 좁은 산도를 통해 빠져나가는 것이 불가능해지기 때문이다. 게다가 성장하는 뇌와 신체는 더 많은 에너지가 필요하다. 임신 막바지에 엄마는 태아에게 충분한 에너지를 제공하기 위해 무척 허덕인다. 뇌는 비용이 많이 드는 신체 기관이다. 너무 탐욕스러워서 몸으로 들어오는 에너지의 5분의 1을 소비한다. 아침을 다섯 숟가락 먹으면 그중 마지막 숟가락은 오로지 뇌로만 간다는 뜻이다. 자궁 안에서는 산소에 접근하기도 쉽지 않기 때문에 밖에서 얻는 양의 5분의 1밖에 받지 못한다. 두뇌가 계속 성장하려면 허파에 신선한 공기가 충분해야 한다. 일단 밖으로 나가 숨을 쉬어야 한다. 지금 당장!

### 시작

내 생일은 누가 정했을까? 나인가? 아니면 그냥 엄마가 적당한 시점에 내보낸 걸까? 진실을 말하자면 아마 둘 다일 것이다. 과학자들은 출산을 개시하는 신호가 무엇인지 집요하게 찾아왔으나 여전히 완벽한 그림은 그리지 못했다. 이것은 엄마의 세포, 자궁에서 나를 둘러싼 피부, 태반, 그리고 내 세포 사이에서 진행되는 은밀한 대화의 결과물이다. 그리고 이 밀담은 이미 출산 몇 주 전에 시작된다. 2015년 미국 연구팀은 쥐의 태아가 출산을 돕는 신호를 허파에서 만들어낸다는 사실을 밝혔다. 이와 비슷한 것이 인간에게서도 일어날 수 있다. 어쩌면 허파가 뇌에게 처음으로 이렇게 속삭이는지도 모른다. "안녕, 뇌야. 우리 이제 숨쉴 준비가 됐어. 곧 너에게 필요한 산소를 잔뜩 줄 수 있을 거야."

하지만 숨쉴 준비를 마친 두 개의 허파만으로는 충분치 않다. 1950년대 미국 아이다호주의 양떼 농장에서 매우 안타까운 사건이 일어났다. 새끼 양의 약 4분의 1이 끔찍한 기형으로 태어난 것이다. 이 양들은 뇌에 문제가 있었고 특히 머리 한가운데 눈이 하나만 달렸다. 게다가 예정일보다 훨씬 늦게 태어났다. 양의 정상적인 임신 기간은 약 150일이지만 이 양들은 200일이 넘어서 태어났다. 또한 많은 어미 양들이 출산을 시작하지 못해 제왕절개를 해야 했다.

이 양들은 뭐가 그리 잘못된 걸까? 과학자들은 이들을 한

참이나 관찰한 끝에 범인을 찾았다. 양들이 풀을 뜯는 곳에서 자라는 독성 있는 하얀 백합이었다. 수십 년이 지나 1990년대에 들어서 과학자들은 이 꽃의 독이 배아의 초기 발달단계에 전달된 어느 단백질의 메시지를 듣지 못하도록 방해한다는 사실을 알아냈다. 이는 여러 기형을 초래하는데 그중 한 예는 세포가 맨 앞에 있는 뇌관을 둘로 나누라는 명령을 듣지 못해 일어났다. 그런데 왜 출산이 지연됐을까? 수의사들도 뇌가 심하게 기형인 송아지를 임신한 소의 임신 기간이 유독 길다는 사실을 보고했다. 비슷한 사례가 인간에게서도 보고된 적이 있다. 이 단서들은 모두 같은 말을 하고 있다. 태아의 뇌는 출산의 개시와 관련이 있다는 점이다.

때가 되면 뇌의 신경세포가 호르몬 분비샘에 말한다. "준비해, 이제 시작이야!" 그러면 호르몬 분비샘은 코르티솔 분비를 증가시켜 몸의 나머지 부분에 이 메시지를 전달한다. 곧 혈액을 통해 화학적 호출이 활성화되고 세포들이 서둘러 준비를 시작한다. 허파에 있는 작은 펌프가 체액을 제거하고 세포는 폐표면활성제를 더 많이 생산한다. 그동안 지방세포는 에너지를 얻기 위해 지방을 더 많이 분해한다. 호르몬이 태반에 도달하면 엄마에게도 영향을 미친다. 처음부터 엄마의 몸은 스스로 이렇게 되뇌었다. "아직은 때가 아니야." 또한 몸을 진정시키는 신호가 태반에서 흘러나와 자궁 근육이 강하게 수축하지 못하게 막아왔다. 그러니 몇 달 동안 이 근육은 그저 가끔 부드럽게 수축하면서 앉아서 기다렸다. 그러나 일단 코르티솔이 자궁으로 흘러 들어가면 연쇄반응을 일으킨다. "아직은 때가 아니야"에서 "이제 나가자"로 호르몬이 보내는 신호가 바뀐다. 수축이 더 강하고 빈번해진다. 동시에 근육은 호르몬을 받아들이기 위해 더 많은 수용체를 생산한다. 마치 귀를 쫑긋 세우고 신호를 기다리듯이. 이제 내 머리가 산도의 신경을 누르면 엄마의 몸에서는 더 많은 호르몬이 분비된다. 엄마의 근육세포는 율동을 타면서 주기적인 수축을 통해 반응하고, 반응의 강도는 점차 세진다. 조금씩 조금씩 내 작은 몸을 앞으로 밀어낸다.

그럼 이제 내가 몸담고 있던 안전하고 어두운 풀장이 터진다. 머리가 세게 죄어온다. 근육이 수축하면 태반과 탯줄에 압박이 가해지면서 주기적으로 산소 공급을 끊는다. 나는 거의 질식할 지경에 이른다. 내 몸은 스트레스 호르몬으로 알려진 아드레날린과 노르아드레날린을 비정상적으로 대량 분비해 대응한다. 나중에 우리 몸은 위험에 직면할 때마다 이 호르몬들을 방출할 것이다. 그 덕분에 혈압이 증가하고 심장은 더 빨리 뛴다. 세포는 비축해둔 에너지를 빠르게 분해한다. 피부와 장기를 돌던 혈액이 가장 중요한 기관인 심장, 뇌, 근육으로 보내진다. 내 몸은 근육을 유연하게 하고 두 가지 대안을 준비한다. '싸울 것이냐, 아니면 도망칠 것이냐.'

출산할 때 스트레스 호르몬의 수치는 최고조에 이른다. 엄마 역시 상당한 스트레스를 받겠지만 내 몸에 쇄도하는 호르몬에 비하면 아무것도 아니다. 심장마비가 와도 이런 반응을 일으키지는 못할 것이다. 이해가 가지 않을지도 모르지만, 이 스트레스 호르몬은 우리에게 매우 좋은 것이다. 이 호르몬은 우리가 자궁 밖으로 나가는 길에 경험할 스트레스를 이겨내고 밖에서의 삶을 준비하도록 돕는다. 예를 들어 스트레스 호르몬은 태반과의 연결이 끊어진 이후에 생활하는 데 필요한 영양소를 분해하게 한다. 또한 허파에 남아 있는 액체를 깨끗이 제거해 태아가 처음으로 숨을 쉴 준비를 한다.

이것이 지금까지 일어난 일이다. 이제 곧 두 개의 낯선 손이 내 머리를 잡고 끌어내면 눈부신 불빛이 눈을 때리고, 허파에는 처음으로 공기가 가득찰 것이다.

　나는 숨을 쉰다.

　그리고 다음엔 무슨 일이 일어날까? 그건 각자가 더 잘 알 것이다.

# 참고문헌

이 책을 쓰면서 여러 발생학, 발생생물학, 세포생물학 책을 참고했다. 그중
가장 중요한 두 권을 소개한다. 우리들의 첫 번째 미스터리를 좀 더 깊이 파
고들고 싶다면 이 두 책을 강력히 추천한다.

Moore, K. L., Persaud, T. V. N., & Torchia, M. G. (2016). *The developing human: clinically oriented embryology* (10th ed.). Philadelphia, Pa: Saunders Elsevier. 《인체발생학》(10판, 범문에듀케이션, 2016)

Gilbert, S. F. (2010). *Developmental biology* (9th ed.). Sunderland, Mass: Sinauer Associates. 《발생생물학》(11판, 라이프사이언스, 2018)

아래는 내가 사용한 다른 문헌들을 장별로 정리한 것이다.

## 목숨을 건 경주

Bahat, A., Caplan, S. R., & Eisenbach, M. (2012). Thermotaxis of Human Sperm Cells in Extraordinarily Shallow Temperature Gradients Over a Wide Range. *PLOS ONE*, 7(7), e41915

Michael, E., & Laura, C. G. (2006). Sperm guidance in mammals — an unpaved road to the egg. *Nature Reviews Molecular Cell Biology*, 7(4), 276

van derVen, H. H., Al-Hasani, S., Diedrich, K., Hamerich, U., Lehmann, F., & Krebs, D. (1985). Polyspermy in in vitro fertilization of human oocytes: frequency and possible causes. *Ann N Y Acad Sci*, 442, 88 – 95

## 숨겨진 비밀의 세계

Clift, D., & Schuh, M. (2013). Restarting life: fertilisation and the transition from meiosis to mitosis. *Nat Rev Mol Cell Biol*, 14(9), 549 – 562. doi:10.1038/nrm3643

Gilbert, S. F & Barresi, J.F (2016). *Developmental biology* (11th ed.). Sunderland, Mass: Sinauer Associates. Additional article, Chapter 7: "Anton von Leeuwenhoek and his Perception of Spermatozoa.". http://11e.devbio.com/wt070102.html

Gjersvik P. (2008). Sædcellen. *Tidsskrift for Den norske legeforening*, 3, 128 – 265

Harris, H. (2002). *Things come to life : spontaneous generation revisited*. Oxford: Oxford University Press

Lawrence, C.R. (2008). Preformationism in the Enlightenment. *Em-*

*bryo Project Encyclopedia.* http://embryo.asu.edu/handle/10776/1926

Leeuwenhoek, A. (1677) Letter nr 35, to William Brouncker, november 1677. 전체 편지의 영문 번역을 이곳에서 읽을 수 있다. De Digitale Bibliotheek voor de Nederlandse Letteren. http://www.dbnl.org/

Maienschein, J. (2005). Epigenesis and Preformationism. *Stanford Encyclopedia of Philosophy.* http://plato.stanford.edu/entries/epigenesis/

Pasteur, L. (1864). On Spontaneous Generation. An address delivered by Louis Pasteur at the "Sorbonne Scientific Soirée" of April 7, 1864

## 인간 제조법

Dahm, R. (2005). Friedrich Miescher and the discovery of DNA. *Dev Biol, 278*(2), 274 – 288. doi:10.1016/j.ydbio.2004.11.028

O'Connor, C. (2008) Isolating hereditary material: Frederick Griffith, Oswald Avery, Alfred Hershey, and Martha Chase. *Nature Education* 1(1):105

Pray, L. (2008) Discovery of DNA structure and function:Watson and Crick. *Nature Education* 1(1):100

## 침입

Bayes –Genis,A., Bellosillo, B., de la Calle, O., Salido, M., Roura, S., Ristol, F. S., Cinca, J. (2005). Identification of male cardiomyocytes of extracardiac origin in the hearts of women with male progeny: male fetal cell microchimerism of the heart. *J Heart Lung Transplant, 24*(12), 2179 – 2183. doi:10.1016/j.healun.2005.06.003

Bianconi, E., Piovesan, A., Facchin, F., Beraudi, A., Casadei, R., Frabetti, F., Canaider, S. (2013). An estimation of the number of cells in the human body. *Annals of Human Biology, 40*(6), 463 – 471. doi:10.3109/03014460.2013.807878

Brosens, J. J., Salker, M.S., Teklenburg, G., Nautiyal, J., Salter, S., Lucas, E.S., Macklon, N.S. (2014). Uterine Selection of Human Embryos at Implantation. *Scientific Reports, 4,* 3894. doi:10.1038/srep03894

Chan, W. F., Gurnot, C., Montine, T. J., Sonnen, J. A., Guthrie, K. A., & Nelson, J. L. (2012). Male microchimerism in the human female brain. *PLOS ONE, 7*(9), e45592. doi:10.1371/journal.pone.0045592

Felker, G. M., Thompson, R. E., Hare, J. M., Hruban, R. H., Clemetson, D. E., Howard, D. L., Kasper, E. K. (2000). Underlying causes and long – term survival in patients with initially unexplained cardiomyopathy. *N Engl J Med, 342*(15), 1077 – 1084. doi:10.1056/nejm200004133421502

Gellersen, B., & Brosens, J.J. (2014). Cyclic decidualization of the human endometrium in reproductive health and failure. *Endocr Rev, 35*(6), 851 – 905. doi:10.1210/er.2014 – 1045

Kara, R. J., Bolli, P., Karakikes, I., Matsunaga, I., Tripodi, J., Tanweer, O., Chaudhry, H. W. (2012). Fetal cells traffic to injured maternal myocardium and undergo cardiac differentiation. *Circ Res, 110*(1), 82 – 93. doi:10.1161/circresaha.111.249037

Melford, S.E., Taylor, A.H., & Konje, J. C. (2014). Of mice and (wo)men: factors influencing successful implantation including endocannabinoids. *Human Reproduction Update, 20*(3), 415 – 428. doi:10.1093/humupd/dmt060

National Institutes of Health (NIH) History. (2003, december). A Timeline of Pregnancy Testing. https://history.nih.gov/exhibits/thin-blueline/timeline.html

Oron, E., & Ivanova, N. (2012). Cell fate regulation in early mammalian development. *Phys Biol, 9*(4), 045002. doi:10.1088/1478–3975/9/4/045002

Teklenburg, G., Salker, M., Molokhia, M., Lavery, S., Trew, G., Aojanepong,T., Macklon, N. S.(2010). Natural selection of human embryos: decidualizing endometrial stromal cells serve as sensors of embryo quality upon implantation. *PLOS ONE, 5*(4), e10258. doi:10.1371/journal.pone.0010258

Wang, Y., & Zhao, S. (2010). *Vascular Biology of the Placenta.* San Rafael: Morgan & Claypool Life Sciences

## 자연이 만든 복제품, 그리고 내 안의 쌍둥이 자매

Davies, J. A. (2014). *Life Unfolding. How the human body creates itself*: Oxford University Press

Friedman, L.F. (2014, 2. february). The Stranger-Than-Fiction Story Of A Woman Who Was Her Own Twin. *Business Insider.* http://www.businessinsider.com/lydia-fairchild-is-herowntwin-2014-2?r=US&IR=T&IR=T

Kean, S. (2013, 11. march). The You in Me. *Psychology Today.*

https://www.psychologytoday.com/articles/201303/theyou-in-me

Kramer, P., & Bressan, P. (2015). Humans as Superorganisms. *Perspectives on Psychological Science, 10*(4), 464–481. doi:10.1177/1745691615583131

Milo, R., & Phillips, R. (2015). *Cell Biology by the Numbers*: Garland Science. http://book.bionumbers.org/howmany-genes-are-in-a-genome/

National Human Genome Research Institute. (2016, 11. may). An Overview of the Human Genome Project. https:// www.genome.gov/12011238/an-overview-of-the-human-genomeproject/

National Human Genome Research Institute. (2016, 6. july). The Cost of Sequencing a Human Genome. https://www. genome.gov/sequencingcosts/

O'Shea, K. (2014, 4. february). Medical mystery:Woman gives birth to children, discovers her twin is actually the biological mother. *Philly.com*. http://www.philly.com/philly/health/science/Medical_mystery_Woman_gives_birth_to_children_discovers_her_twin_is_actually_the_biological_mother.html

Robson, D. (2015, 18. september). Is another human living inside you? *BBC Future*. http://www.bbc.com/future/story/20150917-is-another-human-living-inside-you

Tao, X., Chen, X., Yang, X., & Tian, J. (2012). Fingerprint Recognition with Identical Twin Fingerprints. *PLOS ONE, 7*(4),e35704. doi:10.1371/journal.pone.0035704 van Dijk, B. A., Boomsma, D. I., & de Man, A. J. (1996). Blood group chimerism in human multiple births is not rare. *Am J Med Genet, 61*(3), 264 – 268. doi:10.1002/(sici)1096 – 8628(199 60122)61:3⟨264:aid-ajmg11⟩3.0.co;2-r

## 몸의 윤곽

Brown, Paul. (1999, 29. july). Listening to the heart of the ocean. *The Guardian.* https://www.theguardian.com/science/1999/jul/29/technology

Fielder, S. E. (2016). Resting Heart Rates. *In Merck Veterinary Manual*: Merck & Co., Inc.

Hodge, R. (2010). *Developmental biology: from a cell to an organism.* New York: Facts on File

Levine, H. J. (1997). Rest heart rate and life expectancy. *J Am Coll Cardiol, 30*(4), 1104-1106.

Nesheim, Britt-Ingjerd. (2014, 6. november). Foster. *Store medisinske leksikon.* https://sml.snl.no/foster

## 초심자를 위한 세포의 언어

Ahmed, A. M. (2002). History of diabetes mellitus. *Saudi Med J, 23*(4), 373 – 378

Eknoyan, G., & Nagy, J. (2005). A history of diabetes mellitus or how a disease of the kidneys evolved into a kidney disease. *Advances in Chronic Kidney Disease, 12*(2), 223 – 229. doi:https://doi.org/10.1053/

j.ackd.2005.01.002

Vaaler, Stein & Berg, Jens Petter. (2016, 11. august). Diabetes. *Store medisinske leksikon.* https://sml.snl.no/diabetes

## 예술적인 초파리 제조법

Carroll, S. B. (2005). *Endless forms most beautiful: the new science of evo devo and the making of the animal kingdom.* New York: Norton & Co.

Gehring,W. J. (1998). *Master control genes in development and evolution: the homeobox story.* New Haven:Yale University Press

Jacob, F., & Monod, J. (1961). Genetic regulatory mechanisms in the synthesis of proteins. *Journal of Molecular Biology, 3*(3), 318 – 356. doi:https://doi.org/10.1016/S0022-2836(61)80072-7

Jacobson, Brad (2010, 11. october). Homeobox Genes and the Homeobox. *Embryo Project Encyclopedia.* http://embryo.asu.edu/handle/10776/2070

Laughon, A., & Scott, M. P. (1984). Sequence of a Drosophila segmentation gene: protein structure homology with DNA-binding proteins. *Nature, 310,* 25. doi:10.1038/310025a0

Lewis, E.B. (1978). A gene complex controlling segmentation in Drosophila. *Nature, 276,* 565. doi:10.1038/276565a0

McGinnis, W., Garber, R.L., Wirz, J., Kuroiwa, A., & Gehring, W. J. (1984). A homologous proteincoding sequence in drosophila homeotic genes and its conservation in other metazoans. *Cell, 37*(2), 403 – 408. doi:https://doi.org/10.1016/00928674(84)90370-2

McGinnis, W., Levine, M. S., Hafen, E., Kuroiwa, A., & Gehring, W. J. (1984). A conserved DNA sequence in homoeotic genes of the Drosophila Antennapedia and bithorax complexes. *Nature, 308*, 428. doi:10.1038/308428a0

Myers, P. (2008). Hox genes in development: The Hox code. *Nature Education 1*(1):2

Nüsslein-Volhard, C. (2006). *Coming to life: how genes drive development.* San Diego, Calif.: Kales Press

Wolpert, L. (1991). *The Triumph of the embryo.* Oxford: Oxford University Press 《하나의 세포가 어떻게 인간이 되는가》(궁리, 2001)

## 바다에서 건져온 유산

Brooker, R. J. (2011). The Origin and History of Life. *Biology* (2nd ed.) (s. 438 – 458). New York: McGraw-Hill

Darwin, C., & Johansen, K. (2005). *On the Origin of Species by Means of Natural Selection, or the Preservation of Favoured Races in the Struggle for Life.* Oslo: Bokklubben.

Shubin, N. (2009). *Your Inner Fish: the amazing discovery of our 375-million-year-old ancestor.* London: Penguin Books 《내 안의 물고기》(김영사, 2009)

Evensen, Stein A. & Wisløff, Finn. (2017, 1. march). Blod. *Store medisinske leksikon.* https://sml.snl.no/blod

Kretzschmar, D., Hasan, G., Sharma, S., Heisenberg, M., & Benzer, S. (1997). The swiss cheese mutant causes glial hyperwrapping and brain degeneration in Drosophila. *J Neurosci, 17*(19), 7425 –7432.

Lukacsovich, T., Yuge, K., Awano, W., Asztalos, Z., Kondo, S., Juni, N., & Yamamoto, D. (2003). The ken and barbie gene encoding a putative transcription factor with a BTB domain and three zinc finger motifs functions in terminalia development of Drosophila. *Arch Insect Biochem Physiol, 54*(2), 77 –94. doi:10.1002/arch.10105

NASA Education. (2004, 19. august). Bones in Space. http://www.nasa.gov/audience/foreducators/postsecondary/features/F_Bones_in_Space.html

NASA Science. (2001, 1. october). Space bones. http://science.nasa.gov/science-news/science-at-nasa/2001/ast01oct_1/

Office of the Surgeon General (US). (2004). Chapter 2, The Basics of Bone in Health and Disease. *Bone Health and Osteoporosis: A Report of the Surgeon General. Rockville (MD).* https://www.ncbi.nlm.nih.gov/books/NBK45504/

Tickle, C., & Towers, M. (2017). Sonic Hedgehog Signaling in Limb Development. *Front Cell Dev Biol, 5,* 14. doi:10.3389/fcell.2017.00014

Tran V. (2017, 3. april). Muskelog skjelettsystemets utvikling. Norsk Helseinformatikk 2017. https://nhi.no/ familie/graviditet/svanger-

skap-og-fodsel/fosterutvikling/muskel-ogskjelettsystemets-ut-
vikling/

Varjosalo, M., & Taipale, J. (2008). Hedgehog: functions and mecha-
nisms. *Genes Dev, 22*(18), 2454 – 2472. doi:10.1101/gad.1693608

## 나는 남자일까 여자일까?

Berec, L., Schembri, P. J., & Boukal, D. S. (2005). Sex Determination in
Bonellia viridis (Echiura:Bonelliidae): Population Dynamics and
Evolution. *Oikos, 108*(3), 473 – 484

Gallup Jr, G. G., Finn, M. M., & Sammis, B. (2009). On the origin of
descended scrotal testicles: The activation hypothesis. *Evolutionary
Psychology, 7*(4), 517 – 526. doi:10.1177/147470490900700402

Jost, A., Vigier, B., Prepin, J., & Perchellet, J. P. (1973). Studies on sex
differentiation in mammals. *Recent Prog Horm Res, 29*, 1 – 41

U.S. National Library of Medicine, Genetics Home Reference. (2010,
january). Y chromosome. https://ghr.nlm.nih.gov/chromosome/Y

Warner, R.R., & Swearer, S.E. (1991). Social Control of Sex Change in
the Bluehead Wrasse, Thalassoma bifasciatum (Pisces: Labridae).
*The Biological Bulletin, 181*(2), 199 – 204. doi:10.2307/1542090

Willard, H.F. (2003). Tales of the Y chromosome. *Nature, 423*(6942),
810 – 811, 813. doi:10.1038/423810a

Wilson, C.A., & Davies, D.C. (2007). The control of sexual differentia-
tion of the reproductive system and brain. *Reproduction, 133*(2),
331 – 359. doi:10.1530/rep-06-0078

## 노폐물 배설과 수분 조절

Holck, P. (2017, 27. september). Nyre. *Store medisinske leksikon*. https://sml.snl.no/nyre

Saint-Faust, M., F. Boubred, and U. Simeoni. 2014. Renal Development and Neonatal Adaptation. Amer J Perinatol. 31:773-780

## 안에서 방랑하는 뇌

Hepper, P. G., Wells, D. L., & Lynch, C. (2005). Prenatal thumb sucking is related to postnatal handedness. *Neuropsychologia, 43*(3), 313-315. doi:10.1016/j.neuropsychologia.2004.08.009

Hepper, P. G., Shahidullah, S., & White, R. (1991). Handedness in the human foetus. *Neuropsychologia, 29*(11), 1107-1111

Lagercrantz, H., & Ringstedt, T. (2001). Organization of the neuronal circuits in the central nervous system during development. *Acta Paediatr, 90*(7), 707-715

Linden, D. J. (2007). *The accidental mind*. Cambridge, Mass: Belknap Press of Harvard University Press 《우연한 마음》(시스테마, 2009)

Stiles, J., & Jernigan, T. L. (2010). The basics of brain development. *Neuropsychol Rev, 20*(4), 327-348. doi:10.1007/s11065-010-91484

Xie, L., Kang, H., Xu, Q., Chen, M. J., Liao, Y., Thiyagarajan, M., Nedergaard, M. (2013). Sleep Drives Metabolite Clearance from the Adult Brain. *Science, 342*(6156), 373

## 감각

Besnard, P., Passilly-Degrace, P., & Khan, N.A. (2016). Taste of Fat: A Sixth Taste Modality? *Physiol Rev, 96*(1), 151–176. doi:10.1152/ physrev.00002.2015

Colombelli-Négrel, D., Hauber, Mark E., Robertson, J., Sulloway, Frank J., Hoi, H., Griggio, M., & Kleindorfer, S. (2012). Embryonic Learning of Vocal Passwords in Superb Fairy-Wrens Reveals Intruder Cuckoo Nestlings. *Current Biology, 22*(22), 2155–2160. doi:https:// doi.org/10.1016/j.cub.2012.09.025

DeCasper, A. J., & Fifer, W. P. (1980). Of human bonding: newborns prefer their mothers' voices. *Science, 208*(4448), 1174–1176

DeCasper, A. J., & Spence, M. J. (1986). Prenatal maternal speech in uences newborns' perception of speech sounds. *Infant Behavior and Development, 9*(2), 133–150. doi:https://doi. org/10.1016/0163-6383(86)90025-1

Graven, S. N., & Browne, J. V. (2008). Auditory Development in the Foetus and Infant. *Newborn and Infant Nursing Reviews, 8*(4), 187–193. doi:https://doi.org/10.1053/j.nainr.2008.10.010

Halder, G., Callaerts, P., & Gehring, W. J. (1995). Induction of ectopic eyes by targeted expression of the eyeless gene in Drosophila. *Science, 267*(5205), 1788–1792.

Hepper, P. (2015). Behavior During the Prenatal Period: Adaptive for Development and Survival. *Child Development Perspectives, 9*(1), 38–43. doi:10.1111/cdep.12104

Hepper, P.G. (1988). Fetal "soap" addiction. *Lancet, 1*(8598), 1347 – 1348

Katz, L. C., & Shatz, C. J. (1996). Synaptic activity and the construction of cortical circuits. *Science, 274*(5290), 1133 – 1138

Lagercrantz, H., & Changeux, J.-P. (2009). The Emergence of Human Consciousness: From Fetal to Neonatal Life. *Pediatr Res, 65*(3), 255 – 260

Lecanuet, J.-P., & Schaal, B. (1996). Fetal sensory competencies. *European Journal of Obstetrics & Gynecology and Reproductive Biology, 68*(Supplement C), 1 – 23. doi:https://doi.org/10.1016/03012115 (96)02509-2

Mennella, J. A., Jagnow, C. P., & Beauchamp, G. K. (2001). Prenatal and Postnatal Flavor Learning by Human Infants. *Pediatrics, 107*(6), E88 – E88

Quiring, R., Walldorf, U., Kloter, U., & Gehring, W. J. (1994). Homology of the eyeless gene of Drosophila to the Small eye gene in mice and Aniridia in humans. *Science, 265*(5173), 785 – 789

Rosner, B. S., & Doherty, N. E. (1979). The Response of Neonates to Intra-uterine Sounds. *Developmental Medicine & Child Neurology, 21*(6), 723 – 729. doi:10.1111/j.1469-8749.1979.tb01693.x

Schaal, B., Marlier, L., & Soussignan, R. (2000). Human Foetuses Learn Odours from their Pregnant Mother's Diet. *Chemical Senses, 25*(6), 729 – 737. doi:10.1093/chemse/25.6.729

Webb, A. R., Heller, H. T., Benson, C. B., & Lahav, A. (2015). Mother's voice and heartbeat sounds elicit auditory plasticity in the human brain before full gestation. *Proceedings of the National Academy of Sciences, 112*(10), 3152–3157. doi:10.1073/pnas.1414924112

## 털북숭이 과거

Bramble, D.M., & Lieberman, D. E. (2004). Endurance running and the evolution of Homo. *Nature, 432*(7015), 345–352. doi:10.1038/nature03052

Jablonski, N. G. (2010). The naked truth. *Scientific American, 302*(2), 42. doi:10.1038/scienti camerican0210–42

Lieberman, D. E., & Bramble, D. M. (2007). The evolution of marathon running: capabilities in humans. *Sports Med, 37*(4–5), 288–290

Pagel, M., & Bodmer, W. (2003). A naked ape would have fewer parasites. *Proceedings of the Royal Society of London. Series B: Biological Sciences, 270*(Suppl 1), S117

Powell, A.(2007,19. april). Humans hot, sweaty, natural-born runners. *Harvard Gazette.* https://news.harvard.edu/gazette/story/2007/04/humans-hot-sweaty-natural-born-runners/

## 물에서 공기로

Bodmer, R. (1993). The gene tinman is required for specification of the heart and visceral muscles in Drosophila. *Development, 118*(3), 719–729

Deglincerti, A., Croft, G. F., Pietila, L. N., Zernicka-Goetz, M., Siggia, E. D., & Brivanlou, A. H.(2016). Self-organization of the in vitro attached human embryo. *Nature, 533*(7602), 251 – 254. doi:10.1038/nature17948

Graven, S. N., & Browne, J. V. (2008). Sleep and Brain Development: The Critical Role of Sleep in Fetal and Early Neonatal Brain Development. *Newborn and Infant Nursing Reviews, 8*(4), 173 – 179. doi:https://doi.org/10.1053/j.nainr.2008.10.008

Li, W., Ma, L., Yang, G., & Gan, W. B. (2017). REM sleep selectively prunes and maintains new synapses in development and learning. *Nat Neurosci, 20*(3), 427 – 437. doi:10.1038/nn.4479

Louie, K., & Wilson, M. A. (2001). Temporally Structured Replay of Awake Hippocampal Ensemble Activity during Rapid Eye Movement Sleep. *Neuron, 29*(1), 145 – 156

Myrhaug H. T., Brurberg K. G., Hov L., Håvelsrud K., Reinar L. M. Prognose for og oppfølging av ekstremt premature barn: En systematisk oversikt, Folkehelseinstituttet. Forskningsoversikt 01 2017. ISBN (electronic): 978-82-8082-799-9. www.fhi.no

Partridge, E. A., Davey, M. G., Hornick, M. A., McGovern, P. E., Mejaddam, A.Y.,Vrecenak, J. D., Flake, A. W. (2017). An extra-uterine system to physiologically support the extreme premature lamb. *Nat Commun, 8*, 15112. doi:10.1038/ncomms15112

Schott, J. J., Benson, D. W., Basson, C. T., Pease, W., Silberbach, G. M., Moak, J. P., Seidman, J. G. (1998). Congenital heart disease caused by mutations in the transcription factor NKX2-5. *Science, 281*(5373),

108 - 111

Shahbazi, M. N., Jedrusik, A., Vuoristo, S., Recher, G., Hupalowska, A., Bolton,V., Zernicka-Goetz, M. (2016). Self-organization of the human embryo in the absence of maternal tissues. *Nat Cell Biol, 18*(6), 700 - 708. doi:10.1038/ncb3347

Shank, S. S., & Margoliash, D. (2009). Sleep and sensorimotor integration during early vocal learning in a songbird. *Nature, 458*(7234), 73 - 77

## 끝, 또는 시작

BBC Earth. (2014, 1. october). Amazing birth of a baby kangaroo. http://www.bbc.com/earth/story/20141001-newborn-baby-kangaroo

Frank, L. G., Weldele, M. L., & Glickman, S. E. (1995). Masculinization costs in hyaenas. *Nature, 377*(6550), 584 - 585. doi:10.1038/377584b0

Gao, L., Rabbitt, E. H., Condon, J. C., Renthal, N. E., Johnston, J. M., Mitsche, M. A., Mendelson, C. R. (2015). Steroid receptor coactivators 1 and 2 mediate fetal-to-maternal signaling that initiates parturition. *The Journal of Clinical Investigation, 125*(7), 2808 - 2824. doi:10.1172/JCI78544

Kota, S. K., Gayatri, K., Jammula, S., Kota, S. K., Krishna, S. V. S., Meher, L. K., & Modi, K. D.(2013). Endocrinology of parturition. *Indian Journal of Endocrinology and Metabolism, 17*(1), 50 - 59. doi:10.4103/2230-8210.107841

Lagercrantz, H. (2016). The good stress of being born. *Acta Paediatrica, 105*(12), 1413‒1416. doi:10.1111/apa.13615

Lagercrantz, H., & Slotkin, T. (1986). The "Stress" of Being Born. *Scientic American, 254*(4), 100

Menon, R., Bonney, E. A., Condon, J., Mesiano, S., & Taylor, R. N. (2016). Novel concepts on pregnancy clocks and alarms: redundancy and synergy in human parturition. *Human Reproduction Update, 22*(5), 535‒560. doi:10.1093/humupd/dmw022

Nathanielsz, P. W., & Granrud, L. (1996). *Livet før fødselen.* Oslo: Pax

Trevathan, W. (2015). Primate pelvic anatomy and implications for birth. *Philosophical Transactions of the Royal Society B: Biological Sciences, 370*(1663)

태아의 크기는 다음을 참고했다.

1주 크기: Nesheim, Britt-Ingjerd. (2014, 6. november). Foster. *Store medisinske leksikon.* https://sml.snl.no/foster.

나머지 크기: Moore, K. L., Persaud,T.V.N., & Torchia, M.G. (2016). *The developing human: clinically oriented embryology* (10th ed.). Philadelphia, Pa: Saunders Elsevier.《인체발생학》(10판, 범문에듀케이션, 2016)

첫 아이 임신 33주 때 임신중독증 진단을 받았다. 정확히 말하면 자간전증이라는 질환이었다. 혈압이 200을 넘어가 자동혈압계로는 측정할 수 없어 간호사가 구식 혈압계로 혈압을 재야 했다. 소변이 제대로 나오질 않아 몸이 어찌나 붓는지 손가락으로 다리를 꾸욱 누르면 살이 올라오지 않고 그대로 자국이 한참 남았다. 내 기억이 맞는다면 정상적으로 300 미만이어야 하는 단백뇨 수치가 3,000이라고 했다. 더 심해지면 경련과 발작이 일어나 나와 아기 모두 생명이 위험해진다고 했다.

유일한 치료법은, 분만이었다.

아기를 가졌기 때문에 생긴 병이라, 아기를 낳아야만 치료가 된다고 했다. 하지만 당장 아기를 낳을 수는 없었다. 태아의 몸에서 제일 마지막으로 성숙해지는 신체 기관이 허파인데 최소한 34주를 넘겨야 준비가 완료되기 때문이었다. 어떻게 해서든 버텨보자고 했다. 혈압을 낮추고 아기의 허파를 빨리 성숙시키기 위해 마그네슘과 호르몬을 맞으며 기다렸다. 산모의 몸이 더는 버티지 못할 것 같다는 의사의 판단에 따라 임신 34주를 꽉 채운 날, 유도분만으로 아기를 낳았다. 신기하게도 아기를 낳자마자 모든 것이 정상으로 돌아왔다.

그리고 6년 뒤에 둘째를 가졌다. 또 임신중독증에 걸릴까 봐 겁이 났다. 첫 검진 때 얘기하니 의사가 뜬금없이 큰애의 아빠가 둘째의 아빠냐고 물었다. 당시 나는 미국에 살았는데, 더구나 영어로 이런 질문을 받으니 당황하고 제대로 이해를 못 해서 한 번에 대답을 못 했다. "당신 첫 아이의 아빠가 이 아기의 아빠랑 같은 사람이냐고요." 그제야 그렇다고 하니 아무렇지도 않은 듯이 그럼 걱정할 거 없다고 했다. 그리고 의사의 말대로 별 탈 없이 둘째를 출산했다.

자간전증의 명확한 원인은 아직 밝혀지지 않았다. 그러나 근본적으로 아기가 내 몸 안에 있다는 이유로 목숨이 위험할 정도로 몸에 이상이 생겼고, 따라서 아기를 낳음과 동시에 씻은 듯이 나았고, 첫째와 생물학적 아버지가 같은 둘째를 임신했을 때는 아무 문제가 없었다는 개인적인 경험으로 미루어보아, 이것은 사람들이 추측하는 대로 산모의 몸이 아기를 침입자로 인식하여 일어나는 어떤 면역반응이 맞는 것 같다. 비록 첫 임신 때는 호되게 앓았으나 덕분에 내 몸에는 아기에 대한 일종의 항체가 생겨 두 번째 임신은 순탄하게 넘어갔을 것이다. 물론 동일한 남편과의 사이에서 생긴 아기여야 한다는 조건을 만족시켰기 때문이겠지만.

이게 벌써 16년, 10년 전 일이다. 내 두 번의 임신과 출산은 어쩌다 동네 엄마 모임에서 남자들 군대 경험담 늘어놓듯 돌아가며 한 명씩 출산 이야기를 할 때 말고는 떠올릴 일 없는 아주 먼 과거가 되었다.

임신하기 전에도 마찬가지였다. 결혼하자마자 준비 없이 임신한 나는 그때까지 내가 아기를 갖고 낳게 될 거라는 생각은—아마도 두려움에 의도적으로—전혀 하지 않고 살았다. 그래서 위급한 상황에서 첫애를 낳고, 아마도 우리와 똑같이 정신없었을 의사가 아직 태반이 나오지 않았다는 사실을 잊어버리는 바람에 몇 시간 뒤에 또 한 번 죽을 고비를 넘긴 다음에야 분만할 때는 아기만 낳는 게 아니라 태반도 낳아야 한다는 '기본적인' 사실을 알았을 만큼 임신과 출산에 무지했다.

원래 임신이 그런 것 같다. 임신하기 전에는 겁나고 무서워서 생각하기 싫고, 출산한 다음에는 죽을 뻔했다는 사실까지 잊게 만드는 롤러코스터 같은 하루하루를 보내며 아이가 유치원 들어갈 때쯤이면 자연스레 흐릿해지는 사건.

두 아이를 낳은 나도 이런데 요즘 같은 저출산 시대의 3포 세대들은 더더구나 한 생명의 탄생이라는 주제에 관심을 가질 계기가 별로 없을 것 같다. 그런 면에서 《내가 태어나기 전 나의 이야기》라는 제목의 이 책은 참 고맙다.

이 책은 임신 중의 이야기를 하고 있지만 임신·출산 책이 아니다. 이 짧은 책에는 두꺼운 임신·출산 대백과에 나올 법한 실용적인 정보는 없다. 임신부를 대상으로 쓴 지침서가 아니기 때문이다. 오히려 쓸데없이 흥미로워 임신과 출산의 '모든 것'을 다루는 실용서에서 빼버렸음직한 인간 탄생 과정의 에피소드를 생물학적 관점에서 쉽게 풀어냈다.

그 일부를 소개하면 이렇다.

40주의 임신 끝에 힘겹게 아기를 낳았는데, "당신은 방금 태어난 이 아기의 엄마가 아닙니다"라는 통보를 받는다면? 여름이면 부엌에 한두 마리씩 나타나 성가시게 하는 초파리가 인체의 신비를 푸는 열쇠를 쥐었다고? 혼자 태어난 내가 사실은 쌍둥이였을지도 모른다면? 내 콩팥이 사실은 엄마의 뱃속에 있을 때 세 번 만에 성공한 작품이다? 지구를 떠나면 우주에 있다는 이유만으로 골다공증에 걸릴 수 있다고? 아들의 세포를 몸속에 몇십 년이나 간직하고 살아온 엄마가 있다면? 딸꾹질은 우리 인간의 올챙이 적 과거를 잊지 말라는 메시지인가? 인간 제조법은 외할머니의 파이 레시피와 같다? 태아의 머릿속에서는 세포도 진짜로 여행을 떠난다? 세상에서 가장 시끄러운 침묵의 대화가 일어나는 장소는?

이 중에서도 내가 이 책을 번역하면서 가장 재미있게 읽은 부분은 초록 쥐의 이야기다. 옮긴이의 말을 먼저 읽는 독자에게 스포일러가 될 것 같아 자세히 설명하지는 않겠지만, 내가 받은 중요한 메시지는, 태아와 엄마는 아기가 세상에 나온 다음에도 그러하듯, 엄마가 태아에게 무조건 주기만 하는 일방적인 관계가 아니라 서로 주고받는 관계라는 것이다. 안타깝고 미안하게도 내 몸은 내 아이가 내게 보낸 것을 적대적으로 해석하여 고약한 면역반응을 일으켰지만, 이 책에 소개된 것처럼 누군가에게는 태중의 아기가 준 선물이 엄마를 치유한다는 사실이 아름답고 신비롭게 느껴졌다.

한 생명이 잉태되어 세상 밖으로 나오기까지의 과정은 '임신'이라는 말처럼 아기를 밴 임신부 위주로 특화된 경향이 없지 않지만, 사실 이 과정의 절대적인 주체는 태아다. 결국 임신이란 이 책의 제목처럼 '내가 태어나기 전 나의 이야기'이며, 이 책을 읽다 보면 비록 세상에서 가장 무력한 존재로 세상에 태어났지만 엄마 뱃속에서 보낸 40주 동안 나에게 얼마나 많은 일이 일어났고, 그 모든 과정이 한 치의 오차도 없이 이루어졌기에 오늘의 내가 있음을 알고 새삼 감사하게 될 것이다. 또한 인간은 진화의 정점에 서 있는 생물일지 모르나 기본적인 생명의 원리는 모든 생명체가 공유한다는 사실, 그리고 태아 시절에 더욱 두드러지는 진화의 흔적은 우리가 얼마나 많은 시행착오를 거쳐 오늘에 이르렀는지 알게 해줄 것이다.

사춘기 딸이 하루는 집에 오더니, "엄마, 요새 반에서 애들이 과학 시간에 잠을 안 자. 수업을 너무 열심히 들어"라고 호들갑을 떨었다. 알고 보니 '성과 생식' 단원을 배우는 중이었다. 자아에 관한 관심이 극대화되는 사춘기 청소년들에게 '나'라는 존재의 생물학적 시작을 들려주는 데 이만한 책이 없을 것 같다. 저자는 엄마 몸속에서 커가는 어린 남동생에 대한 호기심으로 가득차 있던 여섯 살 자신의 눈으로 최대한 쉽게 이 책을 썼다. 이 책은 새로운 생명체의 어미가 될 사람들은 물론 자아에 눈을 뜬 청소년, 그리고 아무도 보고 기억하지 못하는, 세상에 태어나기 전 나의 이야기―설마 전생을 다룬 책이라 생각하고 이 책을 집어 든 독자는 없길―에 관심이 있는 모든 이들에게 기분 좋은 독서가 될 것이다.

　마지막으로 이 책의 내용을 세심히 검토하고 지적해주신 엠젠플러스의 진현용 박사님께 감사드린다.

2018년 11월

조은영